U0260128

BUTTERFLY

# 蝶影

## 中国珍稀蝴蝶
## 手绘观察笔记

张晖宏 著
青 川 绘

江苏凤凰科学技术出版社 · 南京

**图书在版编目（CIP）数据**

蝶影：中国珍稀蝴蝶手绘观察笔记 / 张晖宏著；青川绘.
– 南京：江苏凤凰科学技术出版社, 2022.6
（手绘自然书系）
ISBN 978-7-5713-2575-6

Ⅰ. ①蝶… Ⅱ. ①张… ②青… Ⅲ. ①蝶–中国–图集 Ⅳ. ①Q969.42~64
中国版本图书馆CIP数据核字(2021)第256738号

**蝶影　中国珍稀蝴蝶手绘观察笔记**

著　　者　张晖宏
绘　　者　青　川
策　　划　姚　远　王海博
责任编辑　朱　颖　赵　研
责任校对　仲　敏
责任监制　刘　钧
出版发行　江苏凤凰科学技术出版社
出版社地址　南京市湖南路1号A楼，邮编：210009
出版社网址　http://www.pspress.cn
印　　刷　上海雅昌艺术印刷有限公司
开　　本　787mm × 1092mm　1/8
印　　张　16.5
插　　页　4
版　　次　2022年6月第1版
印　　次　2022年6月第1次印刷
标准书号　ISBN 978-7-5713-2575-6
定　　价　258.00元（精）

图书如有印装质量问题，可向我社印务部调换。

# 写在前面的话

蝴蝶是一类在白天活动的昆虫，在分类学中属于昆虫纲鳞翅目。目前全世界已知约2万种蝴蝶，其中我国已知约2300种，是东亚地区蝴蝶物种多样性最高的国家之一。在我国已知的蝴蝶中有许多非常有趣的种类，比如会模拟树叶的枯叶蛱蝶、会模拟有毒蝴蝶的锯眼蝶、喜欢傍晚活动的趾弄蝶以及生活在雪山之巅的绢蝶等，蝴蝶的世界多彩又迷人。

蝴蝶有多种分类方法，本书遵循5科分类系统，即弄蝶科、凤蝶科、粉蝶科、灰蝶科和蛱蝶科，每个科的蝴蝶在外观和习性上各不相同，但是它们的结构是大致相似的。我们在蝴蝶的描述中常会用到一些专有名词，因此为了方便读者的阅读，在这里我们对蝴蝶的身体及翅膀结构进行一个简单的介绍。首先蝴蝶的身体分为头、胸、腹3个部分，其中头的前端长有1对触角，两侧各具1枚复眼，腹面长有可伸缩的口器（吸食食物的结构，可以理解为嘴）；胸部两侧为翅膀与身体连接的地方，内部生有发达的肌肉以支持飞行，被外骨骼包裹，表面长有绒毛，腹面生有3对足（蛱蝶的第1对足已退化）；腹部多狭长并分节，其内部为器官（图1）。蝴蝶具2对翅膀，靠近头部的一对为前翅，靠近腹部的一对为后翅；蝴蝶具正反两面（或背腹面），其中着生腿的一面为反面（或腹面），不着生腿的一面为正面（或背面）；蝴蝶的翅膀多为三角形或近三角形，因此在结构上具3个角和3条边（缘），其中翅膀和身体连接的角为基角，翅膀最前端为顶角，最靠后为后角（在后翅被称为臀角），基角与顶角之间为前缘，基角与后角之间为后缘（在后翅被称为内缘），顶角与后角之间为外缘，部分蝶类在外缘长有狭长突起，酷似尾巴，因此被称为尾突，如凤蝶和灰蝶中的不

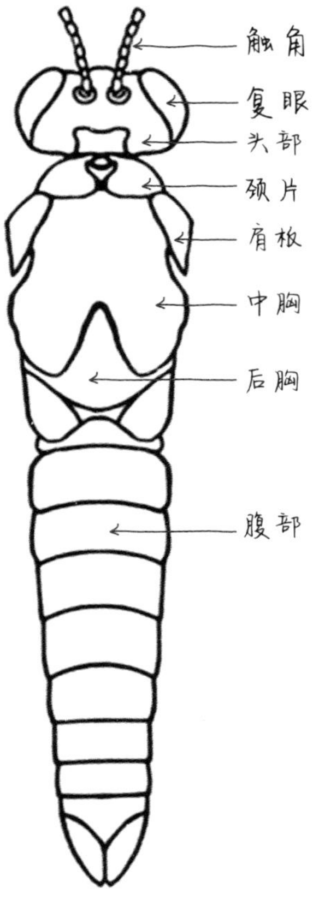


图1. 蝴蝶的身体构造（张晖宏，2019）

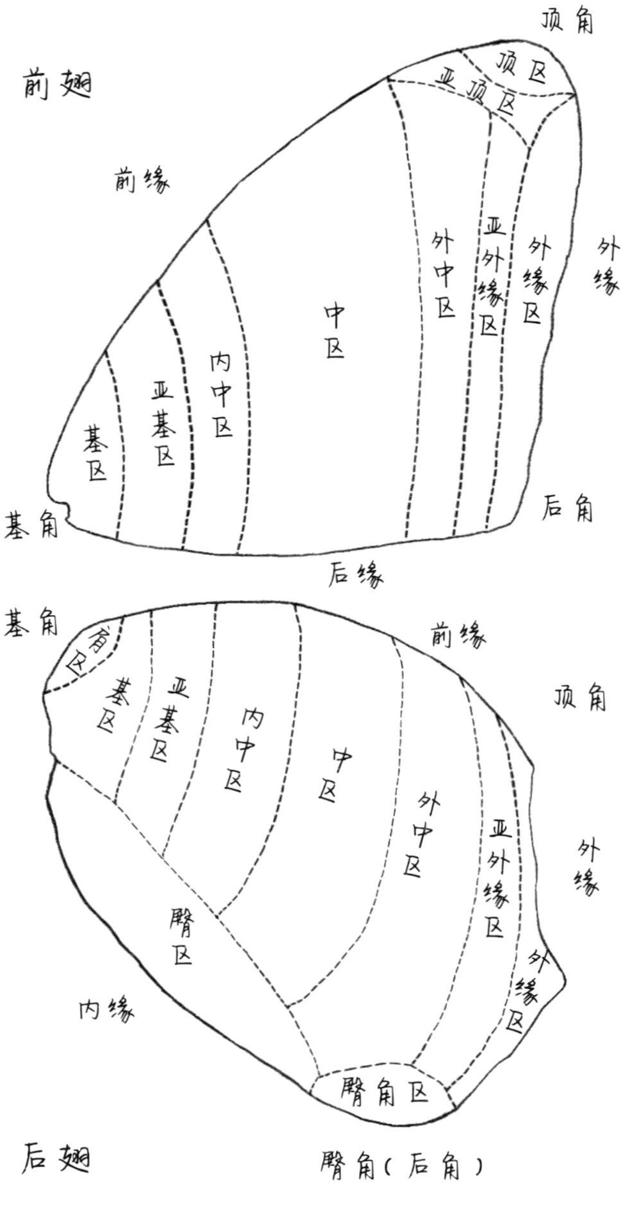


图2. 蝴蝶的翅膀构造（张晖宏，2019）

少种类都具有尾突；蝴蝶的每片翅膀由内而外被分为基区、亚基区、内中区、中区、外中区、亚外缘区、外缘区，其中前翅靠近顶角的区域被分为亚顶区和顶区，后翅接近臀角的区域被分为臀区和臀角区（图2），蝴蝶翅膀上的斑纹有不少是根据斑纹所在的区域命名，比如中带就是在翅中区的带状斑。

蝴蝶由于其美丽的外表，成为昆虫研究的代表性类群，随着研究技术和手段的完善，如今蝴蝶的分类研究是整个昆虫分类学研究中最为完善的分支之一。人们对蝴蝶的了解，最先起源于对美的追求，譬如在我国古代的绘画作品中，有大量关于蝴蝶的描绘，亦如文学作品中，也有“庄生晓梦迷蝴蝶”这样意境颇美的诗句。在18世纪的欧洲，随着生物分类学研究的迅速发展，以及绘画艺术的发展，大量蝴蝶被命名和描述，同时被划分进分类学体系中相应的位置，逐渐构建起现代蝴蝶分类学的框架。然而那个时代缺乏摄影技术，为了便于描述，绘画便成为蝴蝶研究必不可少的部分，因此在那个时期，画家及分类学家绘制了大量细致而精美的蝶类插画，它们被视为蝴蝶研究的原始资料一起留存至今，成为不可替代的学术资料和艺术珍品。就如百年前的绘画和文字相互衬托，艺术的感性和科研的理性在蝴蝶研究中交相呼应且充满魅力，时至今日亦是如此。

本书中，我们选取了32种蝴蝶进行绘画，并附有细致描述，它们都是我们精心挑选的、在蝴蝶中极具代表性的种类。当然，这里展示的仅仅是蝴蝶中的冰山一角，世界上还有很多其他的蝴蝶。因此，不管是抛砖引玉，抑或是浅尝辄止，点到为止而又能让读者无限遐想，进一步地让更多人了解、喜欢乃至深入探索蝴蝶世界的奥秘，便是本书之目的所在。

# 推荐序一

蝴蝶的优美与灵动，对人类来说是有目共睹的。早在数千年前就已有了“庄生梦蝶”的典故；如今，以它们为素材的装饰品、艺术创作俯拾皆是，广泛运用在生活的方方面面。说它们是昆虫界最符合大众审美的一个类群，应不为过。

然而，如果认真探讨蝴蝶的种类、习性、形态特征，似乎大多数人都很难说得出个所以然；要真正饲养、观察它们，并与尚未完全发育的幼虫相处，对于许多人来说恐怕也难以做到。至于看到它们在身边翩翩飞舞的样子，进而觉得它们是日常触手可及的存在，不至于存在生态上的危机或困境，就更是一个常见的误解。

我国地大物博，自然资源丰富，蝶类生物当然也是这当中的重要成员。据现阶段统计，我国目前有明确记录的蝴蝶种类逾2100种，占全球蝴蝶种类的十分之一以上，其中不乏许多仅分布于我国的特有珍贵物种。值得注意的是，凡蝶类繁多的地方必然生态环境优美，而蝴蝶也因此成为生态环境保护质量优劣的重要指示生物，乃至对当代的生物多样性、自然保护研究而言，都具备无可比拟的意义。另一方面，蝴蝶本身也是需要被保护的对象，无论是在不同环境中所处的不同生态位，还是在食物链与花粉传播中的重要作用，都决定了它们在自然界不可或缺的地位。

蝴蝶既美、有特色，又颇具科学渊源，但与之相关的原创科普内容在国内一直相对匮乏，以之为题的观察笔记类图书更是少见，不能不说是令人叹惋的一件事。《蝶影 中国珍稀蝴蝶手绘观察笔记》这本书出色地填补了这一空缺，从选题到内容，都让人眼前一亮。作者是主攻鳞翅类昆虫分类的青年学者，相关作品与成果屡见于各方科普平台和期刊，文字严谨之余不失活泼，读来甚是可爱。手绘师青川，则是生物绘画领域涌现出的大批青年画家中的佼佼者。她执着勤奋，立志用画笔表达内心对自然现象细致入微的真切感受和对生命的热爱，并练就了过硬的绘画技巧，逐步形成了自己的创作风格。我为她的成绩感到由衷的高兴，期待她永不停步、奋力笃行，创作出更多更好的新作品。不同蝶类的翅脉、花纹、鲜粉质感，在她笔下均得以翔实考究并精细呈现，就画作本身而言，已然是值得欣赏与收藏的艺术品。书中以手绘替代既有图谱惯用的照片，既有新意，又富有温度，还一定程度上缓解了部分读者对于蝶类处于幼虫时期的不适观感，于科普之外大大提升了书籍的艺术性与阅读体验。

古人曾说：“蝴蝶梦中家万里。”但在这本书中，它们并非梦境中才有的缥缈对象，也不是冷冰冰的标本。望本书中斑斓的呈现，能让更多人触摸到蝶翼的纹理与脉络，并从中感受到自然界的造化所在，重视我们赖以生存的这个世界之本。

中国科学院昆明植物研究所教授级高级工程师

# 推荐序二

蝴蝶是一类常见的美丽昆虫，素有“会飞的花朵”“能动的图画”“虫国西施”等美称。除南极外，世界大部分地区陆地上皆有分布，以热带地区物种多样性最高。世界目前记载的蝴蝶种类20 000余种，中国有分布的种类占全球蝴蝶种类的十分之一左右，多样性极为丰富。

从庄周梦蝶到梁祝化蝶，中国人对于蝴蝶的热爱古已有之。至今，蝴蝶仍是身边日常可见的小精灵，无论您在城市或乡野，相信对其都不陌生。相较于其他昆虫，蝴蝶可以说是人类生活中较受“偏爱”的一类生灵。其翩翩身姿与光鲜外表很容易博得观者的好感，古今中外以它们为题的各色传闻轶事与艺术创作数不胜数。

从生态保护与物种多样性的角度来说，蝴蝶独特的生活习性，导致其对所处的生态环境具有较高要求，它们是生态环境保护质量优劣的重要指示生物。部分蝶类物种分布狭窄、繁殖能力有限，本身也是亟须得到保护的对象，无论对于科研还是环保水平的提升，都具有不可替代的重要价值。

本书精选分布于中国的32种珍稀蝴蝶，在保证科学性的前提下，以生动的文字与精细的手绘图为读者展现一个别开生面的奇妙世界。作者不仅对蝴蝶的形态特征、生活习性如数家珍，更将与之有关的生境、演变、文化源流都娓娓道来，读之引人入胜。常见的蝶类图书基本都以微距照片作为呈现，许多细节易于流失。手绘则恰到好处地弥补了这一缺憾，对蝴蝶的细节特征做出了绝佳补充，画师以细腻笔触，尽可能地描绘出这些小生灵的微妙光彩。

生物多样性保护与人类社会活动和发展建设之间在一定阶段有着或多或少的矛盾。欧洲在多年前即已将蝶类生物作为生物多样性检测、生态环境影响评价的重要指示生物，对其种类组成、种群动态、族群分布的观察评估均已有长期历史。我国在这方面尚处于起步阶段，面向全社会的知识科普、观念养成是一项艰巨的任务。蝴蝶多样性资源的观测与记录，既可作为预测环境变化、制定生态环境保护措施、管理环境资源中以小见大的一环，亦可向公众展示博物之美与生物多样性知识，对于全民科学发展观的养成必将有所裨益。我由衷期待这些小生灵以它们的美丽唤起每个人心中对自然的热爱，让它们和科学的种子一起翩翩然“飞入寻常百姓家”。

彩万志

中国农业大学昆虫学系教授

## 蛱蝶科

# 目录

# 弄蝶科 Hesperiidae

弄蝶科是蝴蝶中的一大类，它们往往长有非常粗壮的身体和短小的翅膀，多数弄蝶个头不大，斑纹和颜色也比较暗淡，算是蝴蝶中长得比较「质朴」的一类，因此也较少受到大家的关注。多数弄蝶喜欢生活在阴暗的林下，同时常常在傍晚活动，它们飞行非常迅速，访花的时候宛如在拨弄花瓣，弄蝶的名字便由此而来。目前全世界已知有大约4100种弄蝶，我国约有370种。

# 弄蝶科 Hesperiidae

弄蝶科是蝴蝶中的一大类，它们往往具有非常粗壮的身体和短小的翅膀。多数弄蝶个头不大，斑纹和颜色也比较暗淡，算是蝴蝶中长得比较"朴素"的一类，因此也较少受到大家的关注。多数弄蝶喜欢生活在阴暗的林下，同时常常在傍晚活动。它们飞行非常迅速，[illegible]蝶。弄蝶的名字便由此而来。目前全世界已知有大约4100种弄蝶，我国约有320种。

纲：昆虫纲

目：鳞翅目

科：弄蝶科

属：绿弄蝶属

丛林宝石

# 绿弄蝶

*Choaspes benjaminii*

弄蝶科（Hesperiidae）是蝴蝶中的一大类，它们往往长有非常粗壮的身体和短小的翅膀，多数弄蝶个头不大，斑纹和颜色也比较暗淡，算是蝴蝶中长得比较“质朴”的一类，因此也较少受到大家的关注。多数弄蝶喜欢生活在阴暗的林下，同时常常在傍晚活动，它们飞行非常迅速，访花的时候宛如在拨弄花瓣，弄蝶的名字也由此而来。目前全世界已知有大约4100种弄蝶，我国约有370种。

弄蝶科的物种多以黑、棕、白等颜色的简单搭配为主，但是凡事总有特例，绿弄蝶（*Choaspes benjaminii*）就是一种颜色鲜艳的大型弄蝶。绿弄蝶所在的绿弄蝶属（*Choaspes*）是弄蝶科中的一个小属，目前我国已知有5个种类。它们在外观上非常近似，绿弄蝶是本属的模式种，也是其中分布最广、最常见的一种。绿弄蝶在外观上有非常鲜明的特征：前翅三角形，后翅阔而长，正面蓝绿色，具显著的金属光泽，从基部到外缘颜色逐渐加深并最终过渡为黑褐色，在阳光下从不同角度看，其色彩会发生从浅绿到蓝紫等不同颜色的变化，非常绚烂，其后翅的臀角为橙红色。绿弄蝶的反面颜色较浅，其反面全为具金属光泽的浅绿色，同时粗大的黑色翅脉穿插而过，极具视觉冲击力。雌性的绿弄蝶翅型更加宽阔，同时翅面的绿色区域带有非常明显的蓝色调，但是金属光泽较雄蝶弱很多。

正面以黑色为主，前后翅自基部向中区由蓝绿色过渡为黑色，具强烈金属光泽，后翅臀角处具发达的橙红色缘毛，翅展43~47mm

反面为金绿色，具强烈金属光泽，翅脉明显，臀角具橙红色斑块，饰有2枚黑点

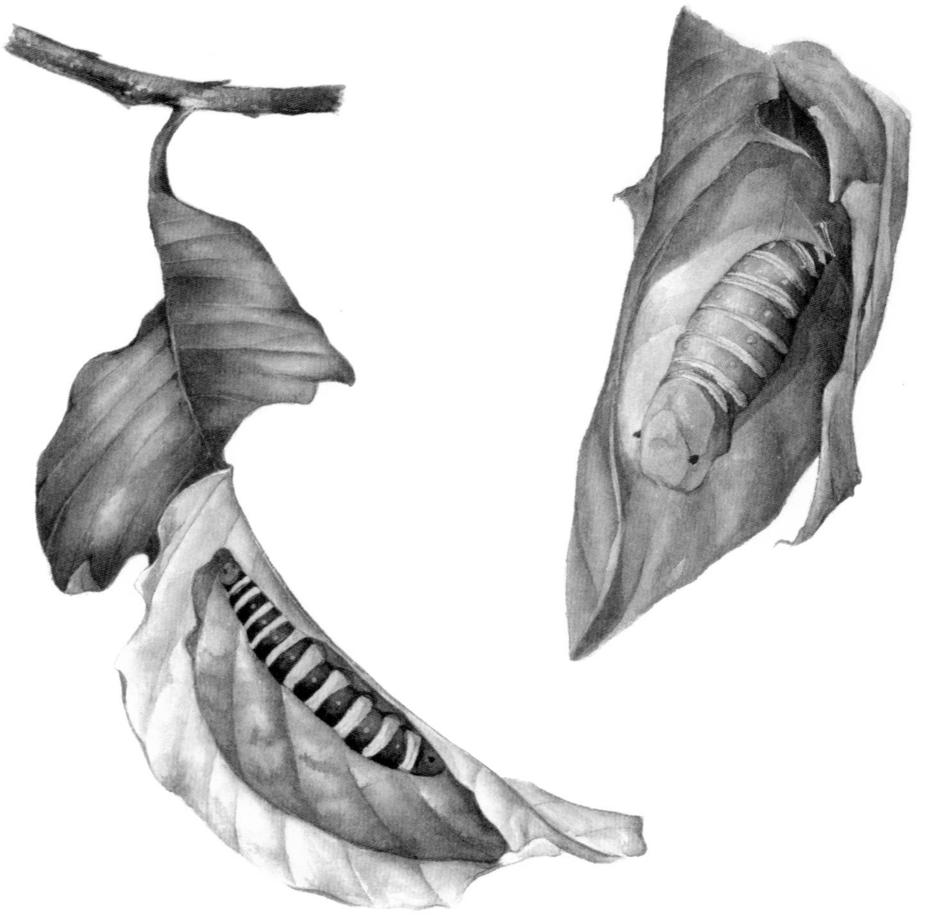

绿弄蝶的幼虫身上有醒目的黄黑条纹，蛹则是赭红色，它们主要的寄主植物是红柴枝和笔罗子等

绿弄蝶的卵为半球形，表面具数道纵向的脊状突起。绿弄蝶的幼虫非常漂亮，辨识度极强：低龄幼虫的身体较为透明，呈黄绿色，还有一些小黑点，但随着龄数增长，身上的斑纹变得丰富多彩；高龄幼虫的身上布有一圈圈的黑色斑纹，体色也开始发黄并伴有一些蓝色斑点点缀其中，橙黄色的头壳上也长出了不少黑斑。绿弄蝶的幼虫在化蛹的时候，通常会将寄主植物的叶子卷起来并在里面化蛹，这被称为叶巢，在蝴蝶中，这是弄蝶特有的行为。绿弄蝶的幼虫主要取食清风藤科（Sabiaceae）的红柴枝（*Meliosma oldhamii*）、笔罗子（*Meliosma rigida*）等的叶片。

绿弄蝶在我国广泛分布于长江以南各地，国外见于日本、韩国、印度、斯里兰卡、缅甸、老挝、越南、泰国等地。绿弄蝶最早于1843年在印度南部的尼尔吉里（Nilgiris）被发现，并被著名法国博物学家盖兰–梅讷维尔（Guérin-Méneville）发表。绿弄蝶喜欢栖息在海拔2000米以下植被较好的森林。它们喜欢早晚活动，飞行非常迅速，白天的时候常常躲在阴暗的林下，或

绿弄蝶是一种中大型弄蝶，通体蓝绿色，唯独后翅臀域有橘红色的斑块

停息于地表的草本植物的叶片上，有时也会停在长满青苔的岩石或崖壁上，甚至倒挂在高大树木的叶子背后，这是许多弄蝶都具有的特殊习性。绿弄蝶的成虫喜欢访花，但除了访花之外，绿弄蝶还非常喜好吸食动物的排泄物，这是因为对于一种“肌肉”发达、飞行迅速的蝴蝶来说，排泄物里面的一些营养物质能够给它们的身体快速提供能量。

在不同地区，绿弄蝶成虫的出现时间也不尽相同，一般而言，越热的地区绿弄蝶成虫出现得越早，这也是绝大多数蝴蝶成虫的发生规律。绿弄蝶深居简出的活动习性，加之其在分布区内数量稀少，在野外想要近距离观察绿弄蝶是挺不容易的事情。因此往往出现的情况是我们很偶尔地看到一只一闪而过的绿弄蝶，等我们回过神来却已不见其踪影。

早期，由于资料的缺乏或研究手段的限制，绿弄蝶属中很多近似的物种并没有被发现并区分，比如目前我国已知的5种绿弄蝶中，有2种是近5年内才被发现并发表的。这样的现象在蝴蝶研究中非常普遍，由此可见，在幅员辽阔的中国大地，还有许许多多尚未被认知和记载的物种，期待着我们的探索和发掘。

纲：昆虫纲

目：鳞翅目

科：弄蝶科

属：趾弄蝶属

落日熔金

# 金带趾弄蝶

*Hasora schoenherr*

这是另一种称得上惊艳，国内仅能在云南省南部见到的珍奇蝴蝶。

趾弄蝶属（*Hasora*）是竖翅弄蝶亚科（Coeliadinae）中的一个属，广布于我国南部、印度半岛、中南半岛、马来半岛、印度尼西亚至澳大利亚北部，包括超过40个已知物种，我国是该属分布区的最北端，目前已知有7个种，它们分布于我国的西南和华南地区，其中金带趾弄蝶（*Hasora schoenherr*）是我国已知的趾弄蝶中分布最靠南同时分布区域最狭窄的一种。在我国，金带趾弄蝶仅见于云南省南部的西双版纳，国外见于印度、缅甸、老挝、泰国、越南、柬埔寨、马来西亚、印度尼西亚和菲律宾等国。

金带趾弄蝶的臀角有1枚明显的如叶片一样的突起，这被称之为叶状突，是趾弄蝶特有的结构，同时它的前翅较小，为尖锐的三角形，后翅狭长，这些特征又和趾弄蝶属的其他物种相似。金带趾弄蝶的正面底色为暗褐色，翅基部有大片金黄色绒毛，前翅中部及顶部各有几枚黄色半透明的方形斑，后翅中部有1条宽而鲜艳的金黄色宽带穿过，其反面的底色较浅，各个斑纹颜色也稍浅，但是斑纹间的连贯性更强，整体显得斑纹非常流畅。金带趾弄蝶最引人注目的便是贯穿后翅的那条金黄色宽斑带；而且这条宽斑带的颜色从深至浅逐渐过渡，犹如两山之间的缝隙洒落出夕阳陷落前最后的余晖，极具美感，金带趾弄蝶的名字也由此而来。

金带趾弄蝶的雌蝶在外观上和雄蝶非常近似，而且由于其雄蝶没有明显的性标，因此区分金带趾弄

正面以黑色为主，前翅前缘和中区均具金黄色斑块，后翅中带贯穿1条金黄色宽斑带，翅展36mm

反面花纹与正面无异，身躯密布浅褐色绒毛

蝶的雄蝶和雌蝶并不容易。金带趾弄蝶的雌蝶仅仅翅形较宽，个头较大，同时斑纹颜色较浅，除此之外其外观和雄蝶几乎没有明显差异。但是金带趾弄蝶的雌蝶只会访花，不会吸食地面或岩石上的无机盐，这是因为这些物质是雄蝶合成一些激素和物质的必要成分，而雌蝶的主要任务是繁衍后代。因此雌蝶几乎仅在寄主植物附近活动，一般不会到地面上吸水，它们常常访花以补充糖分等能量物质，而水分则是通过树叶上的露水等来补充。

金带趾弄蝶常在早晨和傍晚活动。在西双版纳，金带趾弄蝶仅见于环境非常好的原始林区附近，一年四季均可见到其踪迹。作为竖翅弄蝶亚科的一员，金带趾弄蝶也喜欢在叶片背面倒挂着停息，这种习性可能是因为竖翅弄蝶亚科的弄蝶都喜欢在早晨或傍晚活动，由于白天掠食者活动频繁，躲在叶片背后可以有效躲避掠食者的攻击。金带趾弄蝶的飞行速度非常快，而且非常警觉，哪怕是在访花的时候，都几乎无法接近，一旦被惊飞，它可以迅速加速，加上傍晚昏暗的光线庇护，用肉眼几乎无法跟踪其飞行轨迹。因此，在野外常常出现的情况是金带趾弄蝶突然地出现在你的面前，然后当你想仔细观察的时候，稍一动身，它就立马消失得无影无踪，也许不经意间，它又不知道从哪里突然出现在眼前。

迄今为止，我们对金带趾弄蝶的幼期情况仍然一无所知，至少至今没有任何正式可靠的研究报告对其幼期阶段进行研究。这样的情况在我国的蝴蝶中非常普遍，这在某种程度上是因为在我国丰富的蝴蝶资源中，有许多物种是非常稀少或分布区非常狭窄的，要观察其成虫尚且不易，何况幼虫？大自然有太多秘密值得我们去探寻。

金带趾弄蝶是典型的亚热带地区物种，翅面的金黄色斑带是其最显眼的特征，它们有时会去访一些低矮植物的花蜜，如图示的血水草（*Eomecon chionantha*）

纲：昆虫纲

目：鳞翅目

科：弄蝶科

属：大弄蝶属

林间水墨

# 白粉大弄蝶

*Capila pieridoides*

以白色为主色调的弄蝶是非常少见的，在目前我国已知的弄蝶中不超过5种，其中个头最大的就是白粉大弄蝶（*Capila pieridoides*）。

白粉大弄蝶属于大弄蝶属（*Capila*），正如其名字，大弄蝶属的物种个头都很大，我国目前已知有11个种，这其中外观最特立独行的就是白粉大弄蝶。白粉大弄蝶的颜色组成非常简单，就是黑色和白色。白粉大弄蝶前翅较长且阔，后翅宽展。正面底色为白色，前翅顶角为黑色，后翅布有数枚黑色斑点；反面的斑纹与正面相似，只是黑斑较多一些。白粉大弄蝶的雄蝶和雌蝶在外观上都非常相似，没有显著的区别。

白粉大弄蝶在我国分布于江西、广东、广西、四川、海南、西藏等地，国外见于印度和越南。白粉大弄蝶栖息在海拔较低的原始林中，喜欢在阴暗潮湿的林下活动。在停息的时候，白粉大弄蝶会把翅膀完全平铺开，在大弄蝶属所在的花弄蝶亚科（Pyrginae）中，所有物种的停息姿态都是把翅膀平铺开，因此对弄蝶而言，最简单的辨识其亚科划分的办法就是看它的停息姿态：翅膀完全合拢的是竖翅弄蝶亚科（Coeliadinae），完全平铺开的是花弄蝶亚科（Pyrginae），其他亚科的弄蝶则都是以前翅合拢，后翅平铺，也就是所谓飞机式的方式停息。

正面以白色为主，前翅顶角为黑色，外缘以及后翅零星布有黑色斑点，
翅展55mm

反面花纹与正面无异，颈部布有橘黄色的绒毛

白粉大弄蝶常栖息于湿度很高且光线昏暗的林下区域，它们通常停歇在叶片背后，
但有时也会落地吸食落叶或者潮湿朽木附近的积水以补充养分

和其他多数弄蝶相似，白粉大弄蝶也喜欢在傍晚活动，它们飞行迅速，常在傍晚的时候穿飞于阴暗的林下和草木之间。由于白粉大弄蝶的色彩十分显眼，故在野外并不难追寻它的踪迹。

作为弄蝶中少数颜值较高的物种，白粉大弄蝶在野外的数量实在不多，非常幸运的是，前些年在海南考察的时候有幸见到了白粉大弄蝶。当时我和同行的小伙伴正在海南五指山考察，由于时至盛夏，五指山的气候湿润且闷热，稍微在山路上走一会儿浑身都是黏糊糊的，我们便于路边一处瀑布旁休息。我们注意到附近不时有一些黑影在穿梭，依照飞行方式判断应该是弄蝶，它们快速飞行一段距离后就停歇在叶片反面，或是在地面的腐殖落叶堆中吸水。经过仔细观察，我们推测这个瀑布附近栖息着一定数量的大型弄蝶，稍作守候也许会有一些意想不到的收获。果不其然，短短半个小时里我们就见到了海南大弄蝶（*C. hainana*）、窗斑大弄蝶（*C. translucida*）和白粉大弄蝶，其中白粉大弄蝶是在石壁附近的一丛植物叶片背面被发现的，当时看到这灰白色的东西还以为是一只大号尺蛾，定睛一看，发现了它脖子上标志性的黄色绒毛，这时才恍然大悟——白粉大弄蝶！这是我第一次，也是唯一一次在野外观察到这个少见的物种。

在我国的300余种弄蝶中，像白粉大弄蝶这样外观称得上漂亮的可能不到50种，它们多数都分布在我国南部的热带地区。如前文所述，由于特殊的生活习性，弄蝶很少被人们关注，但是这类特别的蝴蝶中确实有不少神奇的种类。

# 凤蝶科

# Papilionidae

凤蝶科是一类被人们熟知和喜爱的美丽蝴蝶，它们多为大型蝴蝶，色彩和斑纹丰富多样。凤蝶后翅多有1对尾突，少数种类具2~3对尾突，尾突宛如凤凰的尾巴一般，凤蝶之名因此而来。目前全球已知凤蝶约570种，其中我国已知130多种。值得一提的是，目前我国被列入重点保护的野生动物名录的24种蝴蝶中，有20种属于凤蝶科。

# 凤蝶科 Papilionidae

凤蝶科是一类被人们熟知和喜爱的美丽蝴蝶，它们多为大型蝴蝶，色彩斑纹丰富多样。凤蝶后翅多有1对尾突，少数种类具2~3对尾突，尾突宛如凤凰的尾巴一般，凤蝶之名因此而来。目前全球已记录凤蝶约570种，其中我国已达130多种。值得一提的是，目前我国被列入重点保护的野生动物名录的24种蝴蝶中，有20种属于凤蝶科。

纲：昆虫纲

目：鳞翅目

科：凤蝶科

属：裳凤蝶属

影舞荧光

# 荧光裳凤蝶

*Troides magellanus*

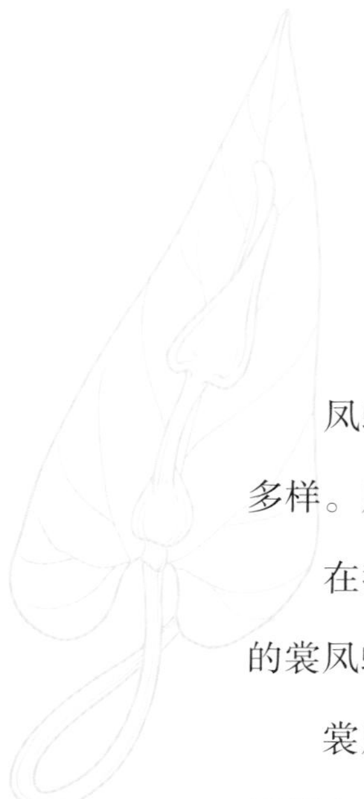

凤蝶科（Papilionidae）是一类被人们熟知和喜爱的美丽蝴蝶，它们多为大型蝴蝶，色彩和斑纹丰富多样。凤蝶后翅多有1对尾突，少数种类具2~3对尾突，尾突宛如凤凰的尾巴一般，凤蝶之名因此而来。

在我国已知的凤蝶中，裳凤蝶属（*Troides*）是体型最大也最受到人们关注的蝶类之一，在我国已知的裳凤蝶中，荧光裳凤蝶（*Troides magellanus*）的外观可以说得上是最美的了。

裳凤蝶属的绝大部分种类都以后翅的大面积金黄色斑块而闻名，荧光裳凤蝶也不例外：雄性圆润的后翅上布满了光彩夺目的亮金色鳞粉，周围还镶嵌了一圈黑色边框。荧光裳凤蝶从某个特定的角度逆光看后翅时，那些金黄色的鳞片可以衍射出高贵典雅的珍珠荧光白，这也是它被称为荧光裳凤蝶的原因。黑色为底的前翅虽不及后翅那般华贵，但天鹅绒的质感和覆盖着些许金鳞的翅脉整体又增添了不少神秘之感。雌性的荧光裳凤蝶在外观上与雄性完全不一样，且不说雌性后翅边缘热情洋溢的金黄色锯齿大斑和基部的黄色斑块，“她”褐色前翅衬托出的金黄的粗大翅脉总给人一种振奋之感。

荧光裳凤蝶雄性前翅正面为黑色，翅脉附近具暗金色鳞片，后翅金黄色，逆光可见珍珠白荧光，外缘具1列黑色斑纹，翅展102mm

荧光裳凤蝶雌性花纹接近雄性，但前翅偏灰，后翅中带具1列黑色宽斑带，外缘的黑色斑纹也更加发达

荧光裳凤蝶在我国仅仅分布在台湾南部充满热带气息的兰屿岛，而这里也是荧光裳凤蝶这个物种的分布北线。在兰屿岛海岸边的原生林中，几乎全年都可以看到荧光裳凤蝶的踪迹，以春季到秋季居多。雄性喜欢在林地树梢之间来回巡飞，雌性有时喜欢在林地中阳光照射到的小片区域缓慢飞行，或访花、或停歇在林中小路边的树上歇息。荧光裳凤蝶的求偶、婚飞和产卵往往会持续好几个小时。雌性会将卵产在港口马兜铃（*Aristolochia zollingeriana*）或卵叶马兜铃（*A. ovatifolia*）的叶子背面，幼虫孵化后就不停地取食马兜铃迅速生长。值得一提的是，慢慢地，荧光裳凤蝶的幼虫在外观上会发生巨大的变化。初龄时，幼虫为深棕色，体表长有黑色的硬刺，整体外观和大家心目中的毛毛虫相差不多。随着成长，硬刺逐渐变成了肉刺，身体的颜色开始渐渐加深，身体中部会长出一条白色的花纹，其个头也开始迅速变大，到末龄时宛如一条长满巨大肉突的陆地海参。荧光裳凤蝶的蛹为缢蛹，也就是尾部固定在支撑物上，同时前端还有一根丝线加以固定的蛹，蛹期一般在1~2个月，羽化之后成虫会迅速地伸展并晾干它们宽大的翅膀，之后飞入林中取食、求偶，进入新一轮的循环。

在我国台湾地区，荧光裳凤蝶是非常重要的保育物种，因为产于台湾的荧光裳凤蝶是该地的特有亚种（ssp. *sonani*），该亚种全世界仅在中国台湾地区兰屿岛有分布。因为后翅那迷人的珍珠白荧光，在台湾又被称为珠光裳凤蝶。除了中国台湾地区兰屿岛之外荧光裳凤蝶还广泛分布于菲律宾和马来西亚。

近年来，由于荧光裳凤蝶本身的分布地狭窄，同时人类活动造成其栖息地的严重破坏，以及一些偷采、偷捕等行为，荧光裳凤蝶的数量出现了明显的下降，这个现象在菲律宾以及马来西亚的种群中尤其明显。因此，荧光裳凤蝶目前已经被列入濒危野生动植物种国际贸易公约（CITES）的名录中，成为了世界级的保护物种。我们在欣赏这些美丽蝴蝶的同时，也应该好好思考一下怎么去保护这些神奇的物种，让我们的后辈也能欣赏到这些神奇的生灵。

一只雄性的荧光裳凤蝶正在访芸香科(Rutaceae)
植物的花，它金黄色的后翅在特定的逆光角度能呈
现出奇特的珍珠白光泽，故此得名

纲：昆虫纲

目：鳞翅目

科：凤蝶科

属：麝凤蝶属

## 蝶中贵妇

# 彩裙麝凤蝶

*Byasa polla*

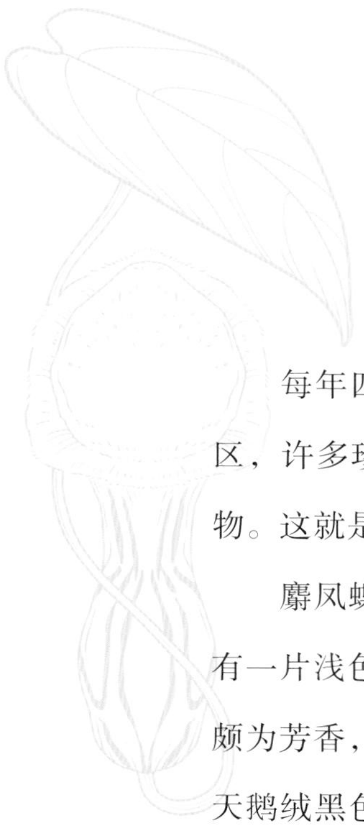

每年四到五月，印度洋带来的暖湿气流夹杂着亚热带的季风气息，滋润着我国初出旱季的西南地区，许多珍奇的蝴蝶也在这里被滋养着。其中便有一种蝴蝶如蝶中贵妇，彩裙翩飞，真真美艳不可方物。这就是中国最难得一见的凤蝶之一，彩裙麝凤蝶（*Byasa polla*）。

麝凤蝶属（*Byasa*）是亚洲东部和东南部特有的一类中大型凤蝶。麝凤蝶属的雄性成员在后翅臀域有一片浅色的区域，上面具有无数细小的发香鳞和绒毛，散发着强烈的信息素以吸引雌性，因为闻起来颇为芳香，所以得名麝凤蝶。彩裙麝凤蝶是麝凤蝶属中体型最大、外观最华丽的种类：前翅正反面均为天鹅绒黑色，浅色的翅脉清晰可见；后翅柔和的波浪形外缘具1列鲜红色新月形斑，大白斑则由四枚小白斑组成，其外围饰有淡淡的红晕；彩裙麝凤蝶的尾突不长，其末端点缀着1枚红斑。雄性的彩裙麝凤蝶臀域的褶皱区域是黄灰色的，这是彩裙麝凤蝶的关键分类特征。雌性的花纹和雄蝶相似，但更为艳丽和张扬，后翅的白斑、红斑和翅膀外缘的突起愈发强烈。

彩裙麝凤蝶雄性正面以黑色为主，前翅翅脉附近布有灰色鳞片，后翅具4~5枚白斑，外缘发达，臀褶翻折，亚外缘有4枚红斑，同时还具有1对长尾突，翅展105mm

彩裙麝凤蝶雌性与雄性花纹无异，但体型更大，翅型更加圆润，臀褶不如雄性发达

一些含蜜量很高的植物花朵常会吸引大型凤蝶来访，比如这只正在吸食川百合花（*Lilium davidii*）花蜜的彩裙麝凤蝶

全世界目前已知的16种麝凤蝶中，中国占了14种。在我国，彩裙麝凤蝶是其中分布最狭窄的种类之一，仅见于云南西部至西藏南部延边境的中海拔地区。在国外，它仅分布于印度东北部、缅甸北部。彩裙麝凤蝶常在树顶高飞访花，除此之外，它的雄蝶还有集群吸水的习性，尤其是在温度较高的正午之后，它们会和其他蝴蝶一起在溪流边的泥地或湿沙地上聚集吸水。事实上蝴蝶主要是过滤吸收水中富含的矿物质元素和无机盐，用以合成体内的性激素等，这也从一定程度上说明了为何吸水的多数是雄性：雄性麝凤蝶后翅特有的发香褶皱结构，里面的香鳞所含有的信息素就需要大量的原料来合成。而雌性则基本不下地吸水，它们多数时间在高大的树顶或者寄主附近盘旋，食物以合欢等花蜜为主。

在漫长的演化过程中，蝴蝶为了对抗它们的掠食者，进化出了许多巧妙的方法，其中麝凤蝶幼虫以马兜铃属（*Aristolochia*）植物为主要的寄主植物，马兜铃富含有毒的马兜铃酸，麝凤蝶幼虫会在体内积累马兜铃酸并一直保留到成虫。马兜铃酸对于大多数鸟类或蜥蜴等捕食者来说具有很强的毒性，误食会引起强烈的不适甚至死亡。因此，一些和彩裙麝凤蝶生活在同一区域的其他凤蝶，以及一些蛾类，在外观上开始模拟彩裙麝凤蝶的长相，甚至在飞行方式上也开始模拟，这种现象被称为拟态。具体说来，这些无毒的生物模拟有毒生物的现象属于拟态中的贝氏拟态。

对于昆虫而言，它们是以提高个体数量以保持物种繁衍的生物，这种现象在生态学中被称为“r-对策生物”。对于这类生物而言，影响其生存的最大威胁来源于栖息地的破坏。因此，只要我们留下那片彩裙麝凤蝶赖以生存的森林，每年春夏之交都可以看到其美丽的身影，希望这种高贵华丽的蝴蝶，能够一直栖息在那片原始森林并生存下去，而不是仅仅活在我们的记忆里。

纲：昆虫纲

目：鳞翅目

科：凤蝶科

属：凤蝶属

## 高山上的蓝眼泪

# 克里翠凤蝶

*Papilio krishna*

得益于印度洋洋流季风所带来的温暖气候及充裕降水的滋润，喜马拉雅山脉南麓成了世界生物多样性热点地区之一，境内复杂的水系和山脉孕育了无数惊为天人的山地独有物种，克里翠凤蝶（*Papilio krishna*）就是最令人叹为观止的代表性成员之一。

克里翠凤蝶主要分布于海拔米以上的原始林区，常在每年的四到五月出没。克里翠凤蝶飞行姿态优雅而大气，多在常绿阔叶林的边缘活动，有时也会和其他凤蝶一起聚集在河滩或者岩壁附近吸水。在外观上，它和翠凤蝶亚属的其他成员一样，底色为黑褐色，点缀着些许金黄色的鳞片，后翅外缘具有数枚玫红色的新月形斑纹。但有着我国最美凤蝶之美称的克里翠凤蝶的正面，简直是美得难以言表：底色为具天鹅绒质感的黑色，布满了细碎的黄绿色及蓝绿色鳞粉，一道金绿色的窄带贯穿整个前翅，后翅前端具枚巨大的形状如同手掌般的有金属光泽的天蓝色斑，点缀在密密麻麻的蓝绿色鳞片中，在不同角度下其色调会发生各种美妙的变化。克里翠凤蝶的后翅的亚外缘还有一系列紫红色月斑，配合一条细长的尾突，一种高深莫测的气息扑面而来。当它偶然张开翅膀正面的时候，那一抹惊艳的蓝色和贯穿前后翅的黄绿色条带，竟能使人如同失魂一般，只恨不得多长几只眼睛将这大自然尤物看个通透。雌性克里翠凤蝶的外观和雄蝶相近，仅尾突较雄性稍长，后翅的红色新月斑颜色更浓厚一些。

克里翠凤蝶正面以黑色为主，前翅中带外侧贯穿1条金绿色条纹，每边后翅具1枚蓝色大斑，近臀域处还具1条金绿色条纹，亚外缘具数枚紫红色大斑，后翅具1对长尾突，翅展85~90mm

克里翠凤蝶反面以黑色为主，后翅中区外侧可见金绿色条纹，亚外缘具数枚紫红色新月形斑纹

克里翠凤蝶喜欢造访大型花朵吸食花蜜，如羊蹄甲属（*Bauhinia*）植物，这种生活在偏高海拔地区的翠凤蝶翅面具有令人印象深刻的艳丽花纹

克里翠凤蝶分布于我国四川、云南和西藏，国外见于印度、尼泊尔、缅甸、老挝、越南等地。克里翠凤蝶所属的翠凤蝶亚属是亚洲东部和东南部的特有类群，它们分布在马来西亚和印度尼西亚诸岛，共有多种，我国已知其中的种，它们广布于除东北和西北部的广大地区。克里翠凤蝶最早于印度西北部被发现并命名和发表，它的种名“*krishna*”在梵文中意为皮肤黑色的人，因此在以前被译为“黑天”或直接音译为克里须那、奎师那等。克里翠凤蝶给人一种高贵之感，源自它外观上颇具异域特色的花纹。克里翠凤蝶独特的生活习性使得我们在野外并不容易见到，因为它们生活的地方主要在人类难以到达的中高海拔地区的原始森林。

虽然关于克里翠凤蝶雌蝶的记录较少，但是并不是因为它们的雌雄比例差距巨大，只是因为雄性常会吸水或在林缘巡飞，比较容易被我们观察到，而雌性通常只在林中穿飞或在树顶高处巡飞等待中意的雄性，或者是寻找合适的寄主产卵，因此较少被观察到，所以我们会形成雄蝶多而雌蝶少的错觉。在西南群山的众多蝴蝶中，克里翠凤蝶因身上具有的那种难以掩盖的气质和惊艳的外观，绝对是令人过目不忘的精灵，因此“中国最美的凤蝶”这个美称也是实至名归。

纲：昆虫纲

目：鳞翅目

科：凤蝶科

属：青凤蝶属

春日信使

# 尾纹凤蝶

*Graphium phidias*

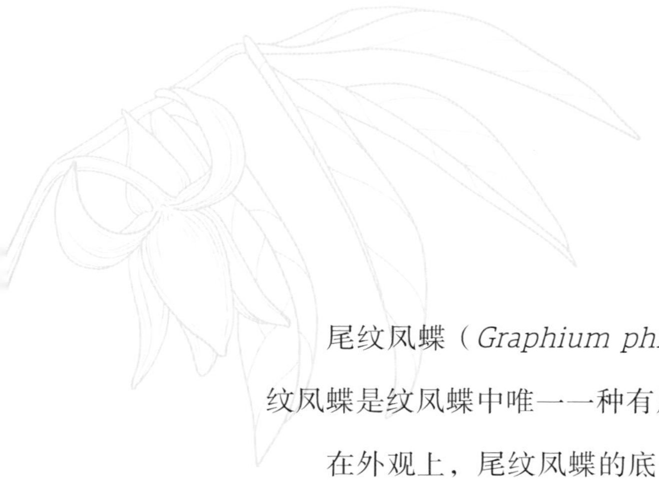

尾纹凤蝶（*Graphium phidias*）在纹凤蝶亚属（*Paranticopsis*）中是非常特立独行的一种，因为尾纹凤蝶是纹凤蝶中唯一一种有尾突的物种。

在外观上，尾纹凤蝶的底色为浓厚的黑色，所有斑纹均为青色的细碎斑纹，其中室部分的青斑好似虎纹一样，前翅边缘具数条密集分布的青色细纹，后翅顶区一直到臀域由黄褐色向黑色过渡，臀角点缀着的橘红色大斑非常显眼；其反面的斑纹与正面相似，但后翅外缘多了一些浅蓝色细纹，后翅的一对小尾突细而尖锐，在凤蝶中可以说是绝无仅有的。和麝凤蝶属相似，尾纹凤蝶的雄性在后翅臀区也有一片具有香鳞的黄灰色区域，平时呈褶皱状卷起，飞行时从中散发信息素以寻求配偶。尾纹凤蝶雌蝶的外观与雄蝶相似，仅翅形较圆润，个头较大而已。

第一眼看到尾纹凤蝶很容易以为它是长着细尾巴的青凤蝶，近年来的研究指出，尾纹凤蝶以及关系相近的绿凤蝶和剑凤蝶都很可能是属于青凤蝶属的亚属，而非独立的属。在我国，目前已知有4种纹凤蝶，它们都是热带种，仅见于我国南部的热带地区，其中尾纹凤蝶最为少见，其原因大概有以下两点。第一，尾纹凤蝶的成虫发生期非常短，往往只能在四五月之交的半个月时间内见到成虫。第二，尾纹凤

尾纹凤蝶前翅和后翅密布形状大小各异的青蓝色斑块与条纹，后翅具1对长尾突，臀角具1枚橘红色斑块。反面花纹与正面无异。翅展62~65mm

蝶的分布区非常狭窄，事实上，尾纹凤蝶是近5年内才在我国被发现的物种，目前仅在滇、黔、桂三省交界的某几个狭小的区域内可以被观察到。在国外，尾纹凤蝶也仅仅分布于老挝和越南中北部的狭小区域。

尾纹凤蝶在我国最早被发现于贵州南部。当地山区居民的房屋后院常常有排水沟，随处堆砌的农作物废料在不断发酵，这些稍微有点重口味的东西对蝴蝶来说却是非常重要的食物来源。凤蝶吸水的时候不断扑腾着变换位置，尾纹凤蝶尤其喜欢跳跃着吸水。尾纹凤蝶的雄蝶飞行迅速，不吸水时常会在开阔的林间小路边快速飞过，而雌性通常在树顶或高处缓慢地盘旋，或偶尔停下来访花，或偶尔寻找适合产卵的地方。相对于其他凤蝶来说，尾纹凤蝶的雌蝶尤其少见，这主要是由于雌蝶行踪隐秘，很少离开林区活动，因此很难被我们观察到。因此对于尾纹凤蝶雌蝶的记录，无论是标本还是观察记录，在国内外都是非常缺乏的。

事实上，由于尾纹凤蝶短暂的发生期、狭窄的分布范围等原因，迄今为止我们对这种蝴蝶依然知之甚少。这样的情况在蝴蝶中是非常普遍的。有时我以为，也许让这样神奇的物种安静地生活在那片原始森林里，让它们在狭窄的生存区域内一年年完成着生命传递，才是一个很好的归宿，而人类只需要保持好奇和尊敬的态度即可，不要过多地去打扰它们的生活。

尾纹凤蝶最常被观察到的状态就是在溪流边或潮湿的沙地上吸水，但非常机警。尾纹凤蝶是中国最难得一见的凤蝶之一，仅可见于南部热带地区

纲：昆虫纲

目：鳞翅目

科：凤蝶科

属：青凤蝶属

桃花领主

# 金斑剑凤蝶

*Graphium alebion*

在3月底4月初的杭州近郊，当桃花绽放之时，偶尔可以看到一种体型不大的凤蝶优雅地吸吮桃花的花蜜，在刚刚开春的山林中显得如此引人注目，这便是金斑剑凤蝶（*Graphium alebion*）。

金斑剑凤蝶正反面的斑纹近似，底色均为乳白色，略带一丝金黄色调，数条黑色斑纹贯穿前后翅，后翅臀角还有1枚金黄色斑，其中文名金斑剑凤蝶正来源于此。它的翅型狭长，后翅具1对细长的尾突。金斑剑凤蝶雌蝶和雄蝶的花纹几乎没有什么区别，只是体型更大，翅膀形状更加圆润。雄蝶的后翅臀域基部具1条黑色性标，而雌蝶没有这个结构。金斑剑凤蝶后翅反面顶区的橙色大斑以及黑色的V形纹是它最具辨识度的特征。值得一提的是，金斑剑凤蝶是剑凤蝶属中平均体型最小的种类，同时也是现存的剑凤蝶中最古老的种类。

剑凤蝶是一类分布在亚洲东部和东南部的中小型凤蝶，多数种类的成虫在春季和夏季出现。一般而言，雄性剑凤蝶除了访花之外它们还会经常在沙地聚集吸水。雌性由于常在树的高处访花或者寻找寄主，加之数量相对雄性较少，便难得一见。剑凤蝶目前被普遍认为应该归属于青凤蝶属（*Graphium*），剑凤蝶亚属（*Pazala*），所以它的幼期和青凤蝶属的其他物种比较相似。金斑剑凤蝶的

金斑剑凤蝶正面以灰白色为主，覆盖有一些浅黄色鳞片，前后翅均具有数枚黑色条纹，后翅具1对长尾突，臀角处具1枚橘黄色斑块。反面花纹与正面无异，翅展45mm

金斑剑凤蝶只在早春时节可见，而且发生期较短。在华东地区，金斑剑凤蝶最常见的访花对象之一就是桃花（*Prunus persica*）

寄主是山胡椒属（*Lindera*）的植物，例如红脉钓樟（*Lindera rubronervia*）。雌蝶在寄主的嫩芽背面产下1~2颗卵后便立刻离开，寻找另一株寄主继续产卵。刚从卵壳中孵化的幼虫全身黑色，喜好在叶片上边挖孔边取食。随着成长，其身体逐渐转为黄色，全身开始长出细密的黑点，尤其胸部还有几根肉突，此时幼虫喜好在叶片背面取食。末龄幼虫会变为翡翠般的绿色，在大量进食以确保足够蛹期消耗的能量之后便开始化蛹。蛹的头部和胸部愈合形成一个箱形结构，同时还延伸出一个大角。

金斑剑凤蝶目前仅见于华东的江浙一带，是我国的特有物种。金斑剑凤蝶于1863年发表，模式产地是“中国北方”，具体哪里已不得而知。而后于1881年，以采自江西九江庐山的标本发表的“*Papilio mariesii*”后来也被证实只是金斑剑凤蝶的异名。值得一提的是，有不少产于四川的标本也被称为金斑剑凤蝶，但是目前已经证实它们是四川剑凤蝶（*G. sichuanica*）、圆翅剑凤蝶（*G. parus*）甚至乌克兰剑凤蝶（*G. tamerlanus*）的错误鉴定。金斑剑凤蝶可以算得上华东地区最具代表性的蝴蝶之一。如在1936年出版的《南京蝶类志》中，黄其林老先生就记述了金斑剑凤蝶在南京的分布，这也是南京历史上有金斑剑凤蝶分布的一个确凿证据。

杭州郊区早春盛开的桃花，是金斑剑凤蝶最主要的食物来源。金斑剑凤蝶的雄蝶具有很强的领地意识，它们会在高空来回巡飞，一旦有其他蝴蝶特别是雄蝶闯入，它们便会通过追逐目标来进行驱赶。桃花盛开的领地对于金斑剑凤蝶十分重要，因为坐拥花朵数量多、位置显眼的领地的雄蝶可能更受到雌蝶的青睐，从而更易获得交配的机会。毫不夸张地说，金斑剑凤蝶被冠以“桃花领主”的名号实至名归。

纲：昆虫纲

目：鳞翅目

科：凤蝶科

属：喙凤蝶属

中华国蝶

# 金斑喙凤蝶

*Teinopalpus aureus*

在中国，被列为国家一级保护的野生动物的蝴蝶只有1种，它就是金斑喙凤蝶（*Teinopalpus aureus*），同时，它也被认为是我国的国蝶。

金斑喙凤蝶被德国昆虫学家梅尔（Mell）于1923年在我国广东连平县发现并发表。当时中国限于时局等复杂原因，很多基础科学方面的研究几乎停滞，梅尔对我国早期的蝴蝶研究做出了重要的贡献。金斑喙凤蝶最吸引人的就是其极具特色的翅型与配色：它的翅正面铺满深绿色的鳞粉，前翅有一条黑色的粗线贯穿而过，边缘布满了金绿色的鳞粉；前翅反面则布有灰绿色和黑色条纹构成的虎皮状花纹。后翅的底色与前翅相似，正面中央具1枚金黄色的大斑，这便是金斑喙凤蝶最具特色的“金斑”，后缘具数枚稍小一些的金黄色月牙形斑纹，其尾突细长，末端金黄色。雌性的金斑喙凤蝶在外观上和雄蝶差别巨大，其体型比雄性大很多，翅型更加浮夸，后翅具数条尾突，斑纹也有明显的区别，翅面以灰绿色鳞粉居多，后翅的“金斑”是灰白色的，仅在外缘和臀角部分有些许金黄色斑块。

金斑喙凤蝶是凤蝶科、喙凤蝶族（Teinopalpini）、喙凤蝶属（*Teinopalpus*）的种类，该属目前全世界仅知2个种，金带喙凤蝶（*T. imperialis*）和金斑喙凤蝶。从地理分布上来看，金斑喙凤蝶在中国分布于江西、福建、广东、广西、云南和海南，国外见于老挝和越南。

金斑喙凤蝶的雄性正面密布金绿色的鳞片，前翅具数枚墨绿色条纹，后翅每边具有1枚金黄色大斑和1枚长尾突，翅展70mm

金斑喙凤蝶的雌性花纹接近雄性，但体型更加宽阔，前翅相对偏灰，每边后翅具1枚灰色大斑和1枚长尾突

一只正在造访川含笑(*Michelia szechuanica*)的
雌性金斑喙凤蝶，它们的体型较雄性更臃肿，
色泽也不如雄性那般艳丽

和大多数凤蝶一样，金斑喙凤蝶雄性成虫喜欢在晨间活动，通常会群聚于山脊或者山头，在枝头间互相追逐疾飞，不断地攀升高度以逼近山顶，这种现象在蝴蝶中称之为“追风”，在凤蝶和蛱蝶里尤其容易被观察到。造成这种现象的原因可能是争夺领地等行为。这期间它们有时也会在一些山头的林地、溪涧石或者枝头短暂地停歇和吸水。中午之后雌性开始出现，这是雄性最佳的交配时机。雌性的寿命相对雄性要长一些，因为它们背负着繁衍的重任。金斑喙凤蝶的寄主植物主要是木兰科（Magnoliaceae）植物，如金叶含笑（*Michelia foveolata*）、深山含笑（*Michelia maudiae*）或者光叶拟单性木兰（*Parakmeria nitida*）等，雌性会寻找光照较好但位置较为隐蔽的寄主植物产卵，它们通常会在叶面靠近主脉的地方产下单粒卵，然后换一株寄主后再次产卵。幼虫孵化后主要取食较硬的叶片，低龄幼虫通体深褐色，随着龄数和体重的增长颜色开始转变为翠绿色，当身体开始出现锈色斑块时便准备化蛹，经过两到三个月的发育后羽化为成虫。

如前文所述，金斑喙凤蝶是我国唯一一种被列为国家一级保护野生动物的蝴蝶，因此在我国它也成了最被人们熟知的蝶类之一。在国际上，金斑喙凤蝶被《世界濒危物种红色名录》收录，同时也是濒危野生动植物物种国际贸易公约（CITES）保护的物种之一，其等级为Ⅱ级。近年来，我们对金斑喙凤蝶的生活史等关键基础性生物信息的研究逐渐明晰，这对开展金斑喙凤蝶的保育工作非常有利。相信随着相关研究的深入和完善，这种奇妙的大型蝶类会在中国这片神奇的土地上，和我们一起平静地生活下去。

纲：昆虫纲

目：鳞翅目

科：凤蝶科

属：尾凤蝶属

## 梵国山神

# 多尾凤蝶

*Bhutanitis lidderdalii*

立秋之后不久，在中国西南山区腹地有时可以看到一种通体黑色，布满斑驳花纹的大型凤蝶匆匆掠过，尤其是后翅的大红斑和多枚尾突显得特别显眼，这便是中国西南高海拔地区的一种珍奇蝶类，多尾凤蝶（*Bhutanitis lidderdalii*）。

多尾凤蝶属于尾凤蝶属（*Bhutanitis*），是颇具特色的一类蝴蝶。尾凤蝶属是中国及其邻近几个国家的特有类群，目前仅知4种，在我国均有分布，本属的所有物种具有不止1对的尾突，其中多尾凤蝶的尾突是最多的。多尾凤蝶的分布区域最靠南，在我国云南和西藏多见，国外一直分布到尼泊尔、不丹、印度、缅甸和泰国北部。多尾凤蝶和不丹尾凤蝶的成虫发生期比较晚，它们要到中秋之后才会登上舞台。多尾凤蝶的个头很大，翅展超过10厘米，前后翅均狭长，底色为具天鹅绒质感的黑色，饰有复杂的浅黄色波状细纹；后翅末端逐渐变阔至团扇形，1枚巨大的红色斑几乎覆盖了整个后翅臀域，在红斑之中点缀着3枚小的深蓝色斑；再往外便是其最具代表性的3对细长尾突，从前往后依次缩短。雌性的多尾凤蝶几乎和雄性没有什么区别，仅整体色泽略带黄色调，翅型更加圆润一些。

多尾凤蝶前后翅密布淡黄色的线条。后翅具有1枚大红斑和2~3枚灰蓝色圆斑，亚外缘具橘黄色条纹，同时每边后翅还具有3枚长尾突，翅展84~87mm

多尾凤蝶是尾凤蝶属的模式种，同时还是不丹的国蝶，尾凤蝶属的属名“Bhutanitis”中包含着不丹（Bhutan），便是由于尾凤蝶属的最早定名便来源于此。同时，多尾凤蝶也是我国二级保护野生动物。

多尾凤蝶的幼虫以马兜铃属的植物为食，和麝凤蝶相似，多尾凤蝶在幼虫时期也会积累马兜铃酸，并一直保存到成虫体内，加之成虫极具视觉冲击力的翅膀花纹，一般捕食者不敢轻易对其下口。在尼泊尔和不丹，在多尾凤蝶的分布区域内还生活着一种拖尾锦斑蛾，它的花纹和翅型非常接近多尾凤蝶，在外观上和多尾凤蝶非常相似，同时其飞行方式也非常巧妙地模拟了多尾凤蝶。值得一提的是，拖尾锦斑蛾的体内也是有毒素的，这种体内有毒的不同生物之间互相模拟，增加了这类具有相同外观的生物个体的数量，在一定程度上可以降低单个个体被捕食的概率，增加个体成活率，是拟态中的另外一种形式，生态学中被称为穆氏拟态。

多尾凤蝶常出没于阴天，往往只和同类一起群聚吸水，或是以单独个体的形式在碎石河滩上吸水。多尾凤蝶喜欢在早晚活动，中午时雄蝶常常在林中高处巡飞，偶尔也会在较高的植物上访花，其飞行方式多为滑翔式，缓慢而风度翩翩。多尾凤蝶喜欢生活在密林深处，很少会离开林区到开阔地活动，雌蝶则几乎一生都生活在林中。在横断山区，多尾凤蝶的出现也意味着这一年的蝴蝶发生期基本上已经接近尾声，待多尾凤蝶都逐渐消亡之后，便可以等待新的一年的到来。多尾凤蝶充满魅力的外观是一年蝶季的结束语，也留下了对新的一年、新的蝶季的憧憬和期待，就像它后翅的红斑和蓝点一样，热烈而深邃。

多尾凤蝶只在一年中的秋季可见，它们穿行于西南山地茂密的季风常绿阔叶林中，时而停歇在林地附近的枝条上，翅膀通常呈现出平铺的姿态

纲：昆虫纲

目：鳞翅目

科：凤蝶科

属：绢蝶亚属

## 太阳女神

# 羲和绢蝶

*Parnassius Apollonius*

绢蝶亚科（Parnassiinae）是凤蝶科中乃至蝴蝶中非常特别的一类，它们均生活在海拔很高的山地，最高的海拔记录将近6000米，多分布在喜马拉雅山脉沿线，少数分布于中亚地区、欧洲、日本、俄罗斯和北美。在中国，西藏、云南、青海、新疆等西部地区是绢蝶的主要分布地区，羲和绢蝶（*Parnassius apollonius*）就是分布于新疆的一种绢蝶。

羲和绢蝶在白色半透明的翅膀上布有大小不一的数枚黑色和红色斑点，后翅的两枚红色圆斑尤其醒目。羲和绢蝶的个头在绢蝶中比较大，斑纹特征也是绝大多数绢蝶的特征。同时由于高海拔地区天气多变，尤其是风雨天气非常多，所以绢蝶的翅膀都进化得非常具有柔韧性，同时具有丝绢一般的光泽，绢蝶之名由此而来。

羲和绢蝶的寄主植物和大部分绢蝶一样，主要是景天科（Crassulaceae）植物，在新疆，它的幼虫主要取食合景天（*Pseudosedum lievenii*）。每年春季冰雪融化，阳光渐暖之际，合景天开始快速密集地生长，以此为食的羲和绢蝶幼虫也抓住这一时机大快朵颐。经过约三周时间的高频取食，幼虫发育老熟后便会寻找一个庇护所化蛹。待到五月中旬，羲和绢蝶成虫集中羽化，缓缓游荡在河谷中，此时合景天基本都凋零了，而野葱的花蜜又给成虫提供了食物来源。

羲和绢蝶前后翅均以半透明的灰白色为主，亚外缘均具有黑色斑点，
中室具1枚大黑斑，同时前后翅各具有3枚边缘为黑色的红色圆斑。
羲和绢蝶的反面花纹与正面无异，翅展65mm

在分类上羲和绢蝶属于凤蝶科、绢蝶亚科中的绢蝶属，目前全世界已知约50种绢蝶，其中我国已知约35种，是世界上绢蝶种类最为丰富的国家。羲和绢蝶相对偏好于栖息在较低海拔的山谷，除此之外成虫发生期也较早，比同域分布的其他种类要早大概一个月。羲和绢蝶是一个典型的中亚区系物种，它的模式产地在新疆温泉县的阿拉套山，在中国主要分布于新疆天山北部，国外分布于哈萨克斯坦、吉尔吉斯斯坦和塔吉克斯坦等地。

值得一提的是，羲和绢蝶与同域分布的阿波罗绢蝶之间在历史上有着一小段有趣的故事。阿波罗绢蝶（*Parnassius apollo*）是由现代分类学鼻祖林奈于1758年命名的，种加词“apollo”源自希腊神话中著名的太阳神阿波罗，而羲和绢蝶的种加词也是太阳神的意思，只是基于分类学原则为了避免命名重复，而用了“apollonius”，也就是“apollo”的拉丁词化。拉丁名是如此处理，那么中文名翻译需要怎么办呢？这时，中国殿堂级的昆虫学研究者，被认为是我国近代昆虫学研究的鼻祖周尧先生借鉴了中国古代太阳女神的名字“羲和”，于是羲和绢蝶的名字便被沿用下来。

近年来，随着全球气候变暖，绢蝶的分布出现了逐渐向更高海拔迁徙的现象，然而更高海拔地区其寄主植物和蜜源植物的数量非常低，这直接导致了一些极高海拔绢蝶的种群规模有锐减甚至消亡的风险，严重威胁着绢蝶的生存。虽然所有物种都有其“寿命”，即进化生物学中的物种年龄，但是真的希望这些素雅的“太阳神们”能够在每年夏季，伴随着灿烂的阳光，飞舞于雪山之巅。

这只羲和绢蝶正在造访野韭(*Allium ramosum*)的花，这种外表清新淡雅的蝴蝶在中国仅可见于新疆，每年发生一代，成虫期也比较短

# 粉蝶科 Pieridae

粉蝶科是蝴蝶的5个大科之一，在分类学关系上和凤蝶最为接近。粉蝶在外观上和大多数蝴蝶不同，它们整体都以清新典雅的色彩为主，具体来说，粉蝶多以白色和黄色为底色，饰以简单的黑色斑纹，少数热带物种亦斑纹艳丽多彩。粉蝶的翅型都非常简单，多数种类翅型圆润粗短，少数翅型较尖锐狭长，无尾突。目前全世界已知约1200种粉蝶，我国已知约150种。

# 粉蝶科 Pieridae

粉蝶科是蝴蝶的5个大科之一，在分类学关系上和凤蝶最为接近。粉蝶在外观上和大多数蝴蝶不同，它们整体都以清新典雅的色彩为主。具体来说，粉蝶多以白色和黄色为底色，辅以简单的黑色斑纹，少数热带物种亦斑纹艳丽多彩。粉蝶的翅型都非常简单，多数种类翅型圆润粗短，少数翅型较尖锐狭长，无尾突。目前全世界已知约1500种粉蝶，我国已知约150种。

纲：昆虫纲

目：鳞翅目

科：粉蝶科

属：绢粉蝶属

## 黄衫仙子

# 黄翅绢粉蝶

*Aporia lemoulti*

粉蝶科是蝴蝶的5个大科之一，在分类学关系上和凤蝶最为接近。粉蝶在外观上和大多数蝴蝶不同，它们整体都以清新典雅的色彩为主，具体来说，粉蝶多以白色和黄色为底色，饰以简单的黑色斑纹，少数热带物种亦斑纹艳丽多彩。

绢粉蝶属是一类主要生活在中高海拔山地的粉蝶，全世界共有30多种，其中绝大部分都分布在亚洲东部地区，少部分分布在中亚和欧洲。在绢粉蝶属中，有1种仅见于四川南部的大型种类，它叫黄翅绢粉蝶（*Aporia lemoulti*）。

黄翅绢粉蝶在外观上非常容易辨认：个体大，前翅狭长，顶端圆润，正反面的底色均为白色，沿着翅脉延伸扩散出粗犷的黑色斑纹；后翅正面以浅黄色为主，和前翅浓密的黑纹不同，后翅的黑纹较少，仅在部分翅脉中段和边缘有少量黑色斑块；后翅反面底色为柠檬黄色，翅脉黑色，布有少量黑色斑纹，黄翅之名便因此而来。黄翅绢粉蝶的雌蝶除了翅上的黄色斑块和黑纹比雄蝶颜色稍浅、体型略大之外，其他几乎没有明显区别。

迄今为止，我们对黄翅绢粉蝶知之甚少。因为就分布区而言，黄翅绢粉蝶仅分布于以最初发现地——四川省米易县为中心的狭小区域中，而且即使在其分布区内，数量都非常少，因此很长时间以

黄翅绢粉蝶前翅正面为黑色，从基部向外延伸出两枚较大的白色斑块，其他区域还有数枚大小不一的白色斑点。后翅正面以柠檬黄色为主，外缘为黑色。翅展70~75mm

黄翅绢粉蝶反面花纹与正面基本无异，后翅密布着数枚大小不一的柠檬黄色斑块

来，黄翅绢粉蝶即使是目击记录都很少。如国内的《中国蝶类志》《中国动物志粉蝶科》和国外的《古北区粉蝶》等权威资料中记述的黄翅绢粉蝶也仅有寥寥数头标本。因此，很长一段时间以来，我们对黄翅绢粉蝶的研究基本只能停留在形态学研究上。

黄翅绢粉蝶仅栖息于海拔2000~2500米的针阔混交林，成虫仅在每年6月出现。黄翅绢粉蝶是我非常希望能够一睹其容貌的物种。那年我刚刚完成硕士毕业答辩，隔天便驾车来到米易县。米易县城位于雅砻江河谷中，海拔很低，显然不是黄翅绢粉蝶的栖息地。第二天，我们顺着一条非常破烂的路开到了一片海拔约2300米的山间。路边有不少吸水的暗色绢粉蝶（*Aporia bieti*），但是始终没有见到黄翅绢粉蝶的身影。突然，同行的朋友激动地大喊着让我看旁边山坡上，我抬头一看，一只巨大的白色蝴蝶沿着溪流缓缓飘下来，没错，黄翅绢粉蝶！之前在资料上看了无数次，当第一次看到活的黄翅绢粉蝶时，我着实被震撼到了。我在米易县待了3天，总共只见了不到10次黄翅绢粉蝶，通过这几次的观察，我们发现了一些黄翅绢粉蝶有意思的习性：第一，和小型绢粉蝶不同，黄翅绢粉蝶从来不下地吸水，只在高空盘旋，或偶尔访花；第二，黄翅绢粉蝶较少在林缘开阔地活动，反而喜欢在林中的树顶上盘旋。那趟米易县之旅至今仍然记忆犹新。

值得一提的是，绢粉蝶属中像黄翅绢粉蝶这样分布非常狭窄的种类还有不少，如大邑绢粉蝶（*A. tayiensis*）、金子绢粉蝶（*A. kanekoi*）和王氏绢粉蝶（*A. chunhaoi*）等，都是西南山地特有的高海拔物种，栖息地往往仅有数平方千米，都是破碎化非常严重的小块生境。就像黄翅绢粉蝶，宛如生活在孤岛中一般，如果那片林子消失了，黄翅绢粉蝶也就跟着一起消失了，这对我们而言是多么巨大的损失。希望以后的每一个夏天，黄翅绢粉蝶都能优雅地滑翔于川南的林间。

正在吸食桃儿七（*Sinopodophyllum hexandrum*）的黄翅绢粉蝶，后翅的柠檬黄色花纹是它们独一无二的辨识特征

纲：昆虫纲

目：鳞翅目

科：粉蝶科

属：斑粉蝶属

## 蝶中琼玉

# 丽斑粉蝶

*Delias descombesi*

斑粉蝶属（*Delias*）是粉蝶科最大的一个属，有将近260个物种，广泛分布于亚洲和大洋洲，其中以巴布亚新几内亚和印度尼西亚的物种最为丰富。中国目前共记录11种斑粉蝶，绝大多数生活在西南和华南地区。斑粉蝶属包括了粉蝶中许多非常美丽的物种，其中丽斑粉蝶（*Delias descombesi*）是我国非常漂亮的斑粉蝶之一。

丽斑粉蝶属于大型粉蝶，翅型圆润，雄蝶正面除了前翅顶角区域有黑斑之外，其他部分均为白色。丽斑粉蝶的丽，体现在其反面的斑纹，前翅黑褐色，中室具1枚蝌蚪形白斑，前缘到臀角具1列灰白色斑点；后翅底色则是鲜艳的柠檬黄，沿外缘布有1列黑纹，后翅肩部具1枚鲜红色狭长斑，非常显眼，这是丽斑粉蝶和国内其他斑粉蝶最显著的区别，因此，丽斑粉蝶也被称为红肩斑粉蝶。丽斑粉蝶的雌蝶与雄蝶在翅膀正面有显著区别，雌蝶前翅正面为黑色，中室顶端及外缘具白色斑点，后翅有1个明显的黑边，反面斑纹则与雄蝶近似。像这样雌雄有明显差异的现象在热带斑粉蝶中是普遍存在的。斑粉蝶属的幼虫主要取食离瓣寄生属（*Helixanthera*）和桑寄生属（*Loranthus*）的植物。然而迄今为止，我们对于丽斑粉蝶的生活史依然知之甚少。

丽斑粉蝶雄性正面为白色，仅前翅顶角和外缘为黑色，翅展65~67mm

丽斑粉蝶雌性正面以黑色为底，前翅具1列白斑，中室具1枚白斑，翅脉附近的鳞片为灰白色，后翅具大面积黄色斑块

丽斑粉蝶前翅反面具白色斑点，后翅为橙黄色，基部具1枚大红色斑块，外缘具1列黑色箭纹

丽斑粉蝶在我国的分布区域非常狭窄，它仅在云南省西南部的西双版纳和德宏的低海拔地区可见；在国外，丽斑粉蝶分布于印度、尼泊尔，中南半岛直至马来西亚和印度尼西亚。在西双版纳，丽斑粉蝶几乎全年可见，它们喜欢在海拔500~1000米之间的雨林附近的开阔地活动，常常可以观察到其访花，偶尔在一些湿漉的泥沙地和长有青苔的岩石上能观察到它吸水。记得有一年，我和研究生导师在冬季去西双版纳进行冬季昆虫调查。由于位于河谷地区，早晨的勐仑镇总是被浓雾笼罩，须等到午后才能看见阳光，所以我们一般都是吃完午饭才开始一天的工作。那天坐在街边，阳光刚刚洒在地面，突然，一只斑粉蝶从我们面前飘过，我们确信这是一只我们之前没有见过的斑粉蝶，于是我和老师跟了上去，待它停下来，才发现这就是丽斑粉蝶，这算得上是我们和丽斑粉蝶的第一次邂逅。

如前文提到的，丽斑粉蝶的另外一个名字是红肩斑粉蝶，不过现在大部分资料上的正式中文名还是丽斑粉蝶，我个人也更喜欢这个名字。一个“丽”字，足以概括它美艳无比的花纹所带来的视觉震撼。与新热带区那些正反面都十分瑰丽的粉蝶相比，丽斑粉蝶的独特气质就在于素雅中隐藏着不是那么艳俗的美丽，这种不同风格之间的碰撞反而带来一种奇妙的感觉，也使得它成为我国最美的粉蝶之一。

丽斑粉蝶正在吸食紫罗兰（*Matthiola incana*）的花蜜，后翅的那枚红色斑纹格外显眼，这个特征在国内分布的斑粉蝶里是独一无二的

纲：昆虫纲

目：鳞翅目

科：粉蝶科

属：青粉蝶属

飞行健将

# 玉青粉蝶

*Pareronia avatar*

青色在蝴蝶中是一种比较少见的色彩，在粉蝶科中，只有青粉蝶属（*Pareronia*）的物种有这样的色彩。玉青粉蝶（*Pareronia avatar*）是我国已知的2种青粉蝶中较为少见的1种，同时也是相对更加漂亮的1种。

青粉蝶属全球目前已知14种，在我国分布有2种，青粉蝶（*Pareronia anais*）和玉青粉蝶，其中玉青粉蝶仅在我国云南省的西南部有分布，国外见于越南、老挝、缅甸、泰国、尼泊尔和印度。事实上，尽管一些爱好者在早些年已经有过对玉青粉蝶的记录，但直到近5年，玉青粉蝶在我国才被正式报道和记录。玉青粉蝶的种名“avatar”很容易让人联想到电影《阿凡达》，不仅因为拼写的雷同，也因为和电影中的阿凡达同是青蓝色，所以玉青粉蝶也被一些学者戏称为“阿凡达青粉蝶”。

玉青粉蝶的翅膀正面为青蓝色，前翅的顶角至前缘部分有宽的黑色翅缘，同时其翅脉也是黑色的。反面颜色较浅，近白色，稍稍透出一点正面的青蓝色，其翅脉亦为黑色。整体而言，其反面的斑纹有一种从正面晕染而来的感觉。玉青粉蝶雌蝶的外观与雄蝶具有明显的差异，简而言之是黑色部分更加发达，譬如翅缘的黑色区域几乎比雄蝶宽了2倍不止，黑色的翅脉更粗，将青色的区域分割得更加细碎。

玉青粉蝶雄性正面为青蓝色，翅脉黑色，
前翅顶角与前后翅外缘皆为黑色，
翅展64~66mm

玉青粉蝶雌性正面为黑色，密布形状各异
的青蓝色斑块无条纹

玉青粉蝶反面为灰青色，具荧光光泽，翅
脉明显且为灰黑色

玉青粉蝶具有非常显著的季节性现象：也就是在一年多代的蝴蝶中，由于需要适应不同季节的环境，蝴蝶在外观上会出现季节性的改变。前述的特征主要是依据雨季时的个体观察而来，而旱季时的玉青粉蝶个头很小，所有黑纹几乎都退化得如细线般，同时底色也变得很浅，仅有淡淡的一点青蓝色。这种旱雨季现象在热带蝴蝶中普遍存在。

玉青粉蝶的英文名“Pale Wanderder”，直译为淡色的流浪者，这恰好可以反映出玉青粉蝶的颜色特点及生活习性。玉青粉蝶栖息于低海拔地区，常在原始森林附近活动。和绝大多数粉蝶的飞行方式不同，玉青粉蝶的飞行非常迅速且有力，常常从林中迅速飞出，或在林缘急速穿飞，或在花间摇曳，时而停下访花，时而落在地上吸水，遇到危险时能够迅速起飞并在短时间内达到最快的飞行速度。它或许也正是为了适应这种飞行方式而进化出了尖锐的翅型。迄今为止，我们对于玉青粉蝶的幼期情况等仍然一无所知。事实上，玉青粉蝶在我国，仅在云南省西南部的德宏州较为常见，在其他地区，玉青粉蝶都是非常罕见的蝴蝶。

我们时常能够见到的粉蝶不到10种，绝大多数粉蝶都是依赖于原始森林等良好生境才能生存的罕见物种。本文中所提到的玉青粉蝶，无论是数量还是目击记录，除了云南省德宏州外不足10例，这个数字甚至远比大熊猫等一级保护动物少。在粉蝶中，还有许许多多这样罕见的物种，甚至还有一些种类已经濒临灭绝，而我们人类最为幸运的事情是至今仍然可以在野外欣赏到它们。

玉青粉蝶正在造访唐古特瑞香（*Daphne tangutica*），
它的配色主要以黑色和青蓝色为主。玉青粉蝶主要生活
在西南山地的潮湿森林中，相对来说并不太容易见到

# 灰蝶科 Lycaenidae

灰蝶科是蝴蝶中体型最小的一类蝴蝶，它们色彩多变而艳丽，常有金属色光泽，斑纹复杂而多变。灰蝶的翅型非常多样化，部分种类后翅具尾突，尾突的形状亦非常丰富。目前全世界已知约6700种灰蝶，我国已知约600种，是我国蝴蝶种类数量第二多的一类蝴蝶。

# 灰蝶科 Lycaenidae

灰蝶科是蝴蝶中体型最小的一类蝴蝶，它们的色彩多变而艳丽，常有金属色光泽，斑纹复杂而多变。灰蝶的翅型非常多样化，部分种类后翅具尾突，尾突的形状亦非常丰富。目前全世界已知约6700种灰蝶，我国已知约600种，是我国蝴蝶种类数量第二多的一类蝴蝶。

纲：昆虫纲

目：鳞翅目

科：灰蝶科

属：铁金灰属

枝头霸主

# 白底铁金灰蝶

*Thermozephyrus ataxus*

灰蝶科是蝴蝶中体型最小的一类蝴蝶，它们色彩多变而艳丽，常有金属色光泽，斑纹复杂而多变。灰蝶的翅型亦非常多样化，部分种类后翅具尾突，尾突的形状亦非常丰富。目前全世界已知约6700种灰蝶，我国已知约600种，是我国蝴蝶种类数量第二多的一类蝴蝶。

在灰蝶中，绿色系的灰蝶以线灰蝶族（Theclini）的一些中大型灰蝶为主，白底铁金灰蝶（*Thermozephyrus ataxus*）是其中一个较为特别的种类。白底铁金灰蝶是唯一一种反面以白色为底色的绿色系灰蝶，其中文名由此而来。

白底铁金灰蝶的雌、雄蝶正面的斑纹截然不同，雄蝶前后翅正面都被金绿色的鳞片覆盖，呈现强烈的金属光泽，仅外缘为黑色，后翅具1条短尾突；反面的底色为灰白色，点缀着细碎的褐色条纹和斑块，后翅近臀角处还具有数枚橘色斑点。雌蝶相比雄蝶而言显得较为暗淡，前翅底色为黑褐色，点缀着数枚蓝紫色斑，靠近翅顶端还有2枚橙色的斑点，后翅均为黑褐色，无明显斑纹；雌蝶的反面和雄蝶几乎一致，但近翅外缘多有褐色区域，仅前后翅中区为灰白色，显得极为醒目。

白底铁金灰蝶是一种森林性蝶类，仅在环境很好的阔叶林或针阔混交林出现。雄性成虫有占领枝头的习性，领地行为极强。雌蝶往往只在寄主植物附近活动。白底铁金灰蝶的幼虫取食壳斗科（Fagaceae）青冈属（*Cyclobalanopsis*）的毛曼青冈（*Cyclobalanopsis gambleana*）或曼青冈

白底铁金灰蝶的雄性正面为金绿色，具强金属光泽，后翅具1对尾突，翅展38~47mm

白底铁金灰蝶反面为银灰色，零散饰有一些灰褐色的斑块和条纹，后翅在外缘和臀角处分别具有1枚红斑

正在造访少花万寿竹(*Disporum uniflorum*)的白底铁金灰蝶，只有雄性才会在翅膀正面覆盖有大面积呈现金绿色具金属光泽的鳞片，非常耀眼

（*Cyclobalanopsis oxyodon*）。白底铁金灰蝶的卵为扁扁的椭球形，表面密布圆形的突起。幼虫为浅绿色，身体宽而扁，表面隐约可见深色的细纹，并周身长有半透明的短毛，待到化蛹前会变为红色。蛹为灰黄色，头部具1对黑色斑，背侧中部具1条黑色宽带，表面布有大量黑色细纹。

白底铁金灰蝶在我国分布于广西、广东、湖南、贵州、四川和云南等地，国外在中南半岛北部也有记录，虽然分布较广泛，但是在各地，其数量都很少，因此它在野外并不容易被观察到。

白底铁金灰蝶所在的铁金灰蝶属（*Thermozephyrus*）和金灰蝶属（*Chrysozephyrus*）在外观上非常相似，两者的关系一直存在争议。白底铁金灰蝶最早是置于金灰蝶属中，以前的学者称之为白底金灰蝶。2007年，日本著名蝴蝶学者小岩屋敏在其经典著作《世界线灰蝶族》中将其从金灰蝶属中分离并建立了铁金灰蝶属，至此铁金灰蝶属被作为一个独立的属看待。但是有些学者目前仍然将其归入金灰蝶属中，所以还需要未来进行更多的研究以证实其分类地位。铁金灰蝶属在我国有2个种，另一种为台湾地区产的衬白铁金灰蝶（*T. lingi*），它最初被作为白底铁金灰蝶的台湾亚种，近年来的研究指出它是一个完全不同的物种，因此现在已经被提升为另一个种看待。

事实上，和白底铁金灰蝶类似，许多栖息于高海拔山地森林的灰蝶，常常活动于密林深处，由于许多复杂的原因，常常会出现某种灰蝶只在某几棵树上活动的现象，而它们又多为成虫出现时间极短的树冠层蝶类，这为我们的研究造成了不小的困难，所以不少种类迄今为止我们还知之甚少。希望随着时间的推移，我们终有一天能逐步揭开这些小生灵的神秘面纱。

纲：昆虫纲

目：鳞翅目

科：灰蝶科

属：奈灰蝶属

夏日空海

# 珐奈灰蝶

*Neocheritra fabronia*

尾突，常常被认为是凤蝶的代表，凤蝶的广用英文名“Swallowtails”正有燕尾服之意。其实尾突在灰蝶之中也是非常常见的特征。在热带地区，有几种长着极度夸张而飘逸尾突的灰蝶，其中珐奈灰蝶（*Neocheritra fabronia*）是它们之中最为靓丽的种类之一。

珐奈灰蝶有两对白色丝带状尾突，其中靠近身体的一条明显较长，其长度几乎等于整个后翅的长度，在飞行中尾突随风飘逸，搭配上热带的湿热空气，就像在热情地舞蹈一般。珐奈灰蝶的外观还有其他一些鲜明的特征：雄蝶正面的蓝，是如晴空般的天蓝，有着一种夏日清风般的清爽和优雅；后翅自基部至臀域覆盖有大片的淡蓝色绒毛，较长的那一对尾突在黑色翅脉附近还点缀着具有金属光泽的天蓝色鳞片。雄蝶后翅前端的黑色圆形性标周围有一圈白毛，酷似眼斑，这个特征在我国的灰蝶中绝无仅有，也是它最重要的辨识特征，不过平时停歇时因为翅膀合起或者前翅遮挡的原因，这个特征不太容易被看到。珐奈灰蝶的翅膀反面的斑纹较为素雅，白色的底色加上浅棕色的翅缘，后翅末端点缀着些许带有蓝色金属光泽的黑色条纹，这种颜色搭配多少有点夏日沙滩的感觉。珐奈灰蝶具有明显的性二型现象，如前文所述，珐奈灰蝶的雄蝶多以蓝、黑、白色为主，而雌性整体外观显得比较暗淡，翅面底色为褐色，无蓝色斑纹，仅后翅点缀有一些白色斑块和黑色斑点，反面与雄蝶相似。

珐奈灰蝶雄性正面以非常醒目的天蓝色为主，前翅顶角和外缘为黑色，后翅顶角具一枚外圈为灰白色的黑色眼纹，近臀角处具2枚尾突，密布白色绒毛，翅展28~31mm

珐奈灰蝶反面以白色为主，从中区向外的区域为褐色，后翅亚外缘近尾突处还具有数枚黑色和金属蓝色的短条纹

尾突对珐奈灰蝶主要有两个作用，其一是在飞行中保持平衡，其二也是最关键的一点，当珐奈灰蝶停歇在叶片上时，尾突配合后翅反面的花纹对于捕食者来说有着非常好的迷惑作用，类似假头，一旦遇到危险，它便可以利用捕食者在攻击假头（尾突）的空档获得逃生的机会，因此在野外很少能见到尾突完整的珐奈灰蝶。和其他长尾巴的灰蝶一样，珐奈灰蝶多在树冠层活动，常在高处访花，或一闪而过。由于雌蝶往往仅活动在寄主植物如檀香科（Santalaceae）附近密林的树冠上，而它们暗淡的体色也使自己在茂密的植被中较难被发现，因此相比而言雌蝶更少被观察到。

珐奈灰蝶在我国仅分布于云南南部及广西南部，其中以云南省普洱市的数量最多，值得一提的是，我国有不少蝴蝶都是在普洱被首次发现并报道的，珐奈灰蝶便是2012年由我的恩师胡劭骥老师在普洱首次发现的。事实上近年来，我们在普洱的考察中总会发现一些之前从未在我国被记录过的蝴蝶。地理格局造就了普洱的蝶类物种多样性。普洱当地有不少蝴蝶爱好者长期进行着蝶类物种的记录工作，通过与他们的交流得知，目前在普洱被记录的蝴蝶已逾400种，这个数字在云南省各个地区中是最多的。普洱作为中南半岛北部的过渡区，横断山区的南边缘，蝶类物种多样性还有着非常巨大的潜力，尚待我们去探索和发现。

珐奈灰蝶翅面的淡蓝色和长长的白色尾突使得它们
在林中穿行的时候非常醒目，常能见到它们访花，
如造访图中的野棉花（*Anemone vitifolia*）

纲：昆虫纲

目：鳞翅目

科：灰蝶科

属：燕灰蝶属

## 拟态大师

# 奈燕灰蝶

*Neocheritra fabronia*

奈燕灰蝶（*Rapala nemorensis*）是一种被极少记录到的蝴蝶，曾经很长一段时间内，关于奈燕灰蝶的记录只有《中国灰蝶志》上的短短几行而已。其实对奈燕灰蝶的产地记载也非常模糊。因此奈燕灰蝶一直以来都是一个非常神秘的物种，我们甚至不知道它的长相。

我和奈燕灰蝶的第一次邂逅是在我的家乡——昆明。位于昆明西北的螳螂川是金沙江的一条支流，其周围是昆明附近少有的河谷区，这里保存了大片的原始森林。每年夏季，在螳螂川边的河滩上，总会有大量的蝴蝶吸水。2015年6月初，我照例在螳螂川边观察着蝴蝶，突然留意到一只黑紫色的小型灰蝶绕着泥沙地飞舞，不时露出翅膀中的橙红色斑点，这似乎并不是之前见过的蝴蝶，我便产生了巨大的好奇心。它飞行了一段之后便落在地上吸水。我慢慢地移动过去，发现它的斑纹是我从来没见过的。后来我查阅了大量资料也没有查出它的身份，直到一位老师来学术交流的时候，偶然间看到了它的标本，惊讶地喊出来“奈燕灰蝶”四个字，我才恍然大悟，原来这就是奈燕灰蝶。

奈燕灰蝶的正面为黑褐色，具蓝紫色金属光泽，前翅具1枚大的橘红色斑，后翅外缘具数枚橙红色椭圆形斑，并具1对尾突，翅展23~25mm

奈燕灰蝶反面为灰棕色，外缘具1条由红斑和黑白线组成的宽带，后翅亚外缘具1枚较小的红斑，臀角黑色且圆形突出，边缘具白色长毛

一只在老鹳草（*Geranium wilfordii*）上访花的奈燕灰蝶。
奈燕灰蝶喜欢在阳光充足的林缘开阔地活动，飞行迅速，其后翅的尾突配合以臀角的突起形成的假头，对掠食者具有迷惑作用

结合这只标本，我们终于第一次观察到了它的形态，它的正面以黑褐色为底色，具暗紫色金属光泽，前翅有1枚非常醒目的橙红色大斑，后翅外缘还有数枚橙红色的椭圆形斑点，后翅具1枚短小的尾突。反面底色灰棕色，前后翅外缘均有1条由红斑和黑白线组成的宽带，后翅亚外缘具一枚较小的红斑，后翅臀角呈圆形突出，为黑色，其边缘具白色长毛。奈燕灰蝶在停歇、访花或者下地吸水的时候，会将后翅圆形突出的部分平展，并不时磨擦两片后翅，配合尾突的摆动，模拟头部的形态，这就是蝴蝶中的假头行为。

奈燕灰蝶目前在我国仅云南省和西藏有记录。燕灰蝶属（*Rapala*）是玳灰蝶族（Deudorigini）下最大的属之一，中国是燕灰蝶属种类非常丰富的国家之一，我国目前已知十余种，其中多数种类见于华南和西南地区。

近年来，在云南省各地的调查中，我们发现奈燕灰蝶仅仅生活在环境较好的常绿阔叶林或针阔混交林，而这种环境正是昆明市螳螂川一带的常见生境，因此在螳螂川能观察到奈燕灰蝶也实属正常。然而好景不长，这两年在螳螂川附近由于高速公路等基建设施的建设，生境良好的原生植被遭到了一定程度的破坏，我第一次观察到奈燕灰蝶的河滩如今已经面目全非。在昆明，我们已经有近3年没有在野外观察到奈燕灰蝶了。城市化是经济发展不可避免的过程，这一点对我们人类的生活意义重大，然而人类作为地球的一份子，如何找到人类社会发展和自然保护的平衡点，将会伴随人类的历史进程一直被讨论下去。

纲：昆虫纲

目：鳞翅目

科：灰蝶科

属：彩灰蝶属

金属锋芒

# 云南彩灰蝶

*Heliophorus yunnani*

云南彩灰蝶（*Heliophorus yunnani*）是彩灰蝶中最特别也最神秘的一种，直到1993年才被世人发表。我们对于云南彩灰蝶的记录少之又少，在2017年《中国蝴蝶图鉴》出版以前，在国内的资料中甚至没有办法找到这种蝴蝶的图片。关于云南彩灰蝶的分布，我们只知道有人在云南西北部的香格里拉和梅里雪山附近目击过。

2017年，《中国蝴蝶图鉴》的问世让我们第一次看到了云南彩灰蝶的样子。云南彩灰蝶有一个非常明显的特征：没有尾突，这在全球已知的所有彩灰蝶中是独一无二的。云南彩灰蝶的雄蝶和雌蝶正面的斑纹差别很大，雄蝶的正面是蓝紫色的，具很明显的金属光泽，黑色的翅缘很宽，后翅近臀区具2枚V形的橘黄色纹，雌蝶的正面为深棕色，无蓝色区域，前翅近顶部具1枚橘黄色椭圆形斑，后翅近臀区亦有2枚V形的橘黄色纹。相比而言，雄蝶的外观更加鲜艳，这也是彩灰蝶属的一大特征。云南彩灰蝶的反面是橘黄色的，后翅外缘为很宽的砖红色，内侧锯齿状，嵌有白色细纹。

根据现有的资料，云南彩灰蝶仅分布在位于云南省西北部的哈巴雪山以及梅里雪山附近的中高海拔地区，一年之中在6月初最为常见，除此之外，我们知之甚少。2018年，当我得知自己被安排将要于当年夏季前往哈巴雪山和梅里雪山进行考察时，心中便默默地祈祷能够一睹云南彩灰蝶的真容。

云南彩灰蝶雄雌蝶正面的外观是截然不同的，雄蝶有大片具金属光泽的蓝色区域，翅展21mm

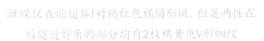

雌蝶仅在前翅具1对橘红色椭圆形斑，但是两性在后翅近臀角的部分均有2枚橘黄色V形细纹

与绝大多数彩灰蝶相同，云南彩灰蝶的反面为橘黄色，后翅外缘具橘红色翅缘，内侧嵌有白色细纹，但是它没有尾突，这在彩灰蝶中是绝无仅有的

探索未知是令每一位科研者异常兴奋的事情。5月末6月初的香格里拉气候温润宜人，是一年中进行高原蝴蝶调查最好的时节之一，因为很多一年仅发生一代的蝴蝶只会在这个夏季短短的两三周内出现，寻访和记录它们的时间非常有限。当时，我们行进到哈巴雪山以南的一段泥泞的山路上，雨后的泥泞使车子行进困难，恰巧天空放晴，我们决定下车沿途进行调查，待路晒干一点后再前进。云南彩灰蝶的成虫发生期极短，可能仅有2~3周的时间，所以我并不清楚这趟是否能够有幸见到它。当时的公路边，有大量在吸水的蝴蝶，但是几乎都是绢粉蝶和蛱蝶一类的蝴蝶。这时，一位藏族老乡骑着摩托驶过，路边灌木上被惊起一只很小的灰蝶，在阳光下蓝紫色的光泽非常显眼。我们靠近之后发现，果然是云南彩灰蝶。那天在这个位置附近，我们总共目击了不下10只云南彩灰蝶，终于记录到了其野外的习性，这其中最特别的一点是，云南彩灰蝶的雄蝶会占领在高处的灌木或乔木的枝头，而其他彩灰蝶常在低矮的草本植物的阔叶上活动。另外云南彩灰蝶的雌蝶只在林子周围访花，雄蝶偶尔会下到地上吸水，但是非常警觉，稍有动静便迅速飞走。

云南西北部的雪山之下，栖息着大量鲜为人知的蝶类，云南彩灰蝶只是其中的一员。以哈巴雪山为例，龟井绢粉蝶（*Aporia*）、云南带眼蝶（*Chonala*）等物种也几乎仅在哈巴雪山脚下的原始林中可见。关于这些物种极狭域分布格局的形成和保育研究，在近年来越来越受到人们的关注。雪山之下的密林之中藏着的那些秘密，想必是一个像雪山之巅一般令人神往的宝藏吧。

在访天蓝苜蓿（*Medicago lupulina*）的一只云南彩灰蝶雄蝶。云南彩灰蝶喜欢在阳光充足时访花，具有蓝紫色金属光泽的翅膀与蓝天的颜色交相呼应，是我国独有的一道亮丽风景线

纲：昆虫纲

目：鳞翅目

科：灰蝶科

属：尾蚬蝶属

## 善变者

# 黑燕尾蚬蝶

*Dodona deodata*

蚬蝶是灰蝶科中的一类，它们在我国广布于南部及西部各地。蚬蝶的翅型和斑纹都非常漂亮且多变，它们停息时翅膀微微打开，宛如河中的河蚬一般，蚬蝶之名因此而来。蚬蝶中的大部分种类分布在南美和澳大利亚，亚洲的种类相对较少，这其中，尾蚬蝶属（*Dodona*）是亚洲蚬蝶里物种最多的属之一，已知近30种，我国目前已知有14种。

黑燕尾蚬蝶（*Dodona deodata*）是尾蚬蝶属中比较特殊的一种，因为其他的尾蚬蝶的斑纹颜色多为橙色和黑色，而黑燕尾蚬蝶的斑纹是黑白的，前翅为三角形，后翅修长，外缘锯齿状，末端具1条粗短且弯曲的尾突。正面底色为黑色，前后翅中部各具1条宽阔的白色带纹，外缘点缀有细碎的白色斑点。反面的斑纹和正面相像，但斑纹和色彩较复杂，除了和正面一样的斑纹外，还有大量白色的细纹，同时后翅近臀角处还有1列橙色带纹。雌性体型较大，斑纹与雄蝶近似。黑燕尾蚬蝶具明显的季节性现象，旱季时，黑燕尾蚬蝶的个头变小，但是白色花纹会变得非常宽大，使得整体变成白色，因此在一些资料中，曾经将旱季型的黑燕尾蚬蝶误定为白燕尾蚬蝶（*Dodona henrici*）。

黑燕尾蚬蝶正面为黑色，具1条白色宽带，外缘具数枚白色细纹，反面斑纹与正面相似，仅底色较红，翅展30~45mm，图为一只旱季型个体，白色带纹较宽

黑燕尾蚬蝶是一种热带蝴蝶，在中国南方的很多地区都可以见到，如广东、广西、云南等地，国外黑燕尾蚬蝶还见于印度、中南半岛、菲律宾和马来西亚等地，在其分布区内，黑燕尾蚬蝶几乎是全年可见的。黑燕尾蚬蝶喜欢生活在原始森林附近，雄蝶常常群聚在水边吸水，雌蝶则只在林中活动，往往只在其访花时被发现。黑燕尾蚬蝶的飞行速度极快，但是飞行距离不长，白天时喜欢停在平地或较低的树叶上，傍晚会飞回林区并到树顶上过夜。

黑燕尾蚬蝶的幼虫取食紫金牛科（Myrsinaceae）的密花树（*Rapanea neriifolia*）。卵为扁扁的椭球形，表面光滑。幼虫为绿色，头大，身体向尾端迅速变细，末端具1个尖锐的尾，表面长有硬毛，隐约可见深色的细纹。蛹为嫩绿色，头部具1对粗短的角，中部最粗，尾部尖锐，整体形似一片嫩叶。

每次去滇南进行蝴蝶多样性考察，黑燕尾蚬蝶总是最常见的蝴蝶之一，但令我印象最为深刻的还是考研结束后的那次考察。当时已经是12月，从昆明出发的我们一路向南，气温越来越高，有种逐渐回到夏天的错觉。勐仑镇附近的山沟是我们常去的考察地点，那天我们找到了一个新的地方，一条溪流从山中流出，河边有大群吸水的粉蝶和凤蝶。最令人惊喜的是其中还有数量非常庞大的黑燕尾蚬蝶，可以说它们到处都是。其实在之前的考察中，我们见过黑燕尾蚬蝶，但是数量如此巨大的场景还真是头一次见。

多变的黑燕尾蚬蝶曾经是热带地区的一大谜题，如前文所提到的白燕尾蚬蝶，曾经它合理与否是困扰了无数科学家多年的谜题。近年来随着研究手段的提高，我们能够确认后者仅是黑燕尾蚬蝶的旱季型，那也就进一步证明了白燕尾蚬蝶仅是黑燕尾蚬蝶的一个异名而已。通过科学的手段解释神秘的大自然固然是重要的，但是有时我会觉得，关于大自然的问题，还是只有回到大自然中才能得到完美的解答。

黑燕尾蚬蝶是一种热带蝴蝶，喜欢在水边吸水或追逐，逐水而生的蕨类植物经常成为它们休息的地方，当它们受到惊扰的时候会迅速飞走，不过稍等片刻它们又会飞回原处停息，图为一只雨季型个体，白色带纹较窄

# 蛱蝶科 Nymphalidae

蛱蝶是蝴蝶中种类最丰富的类群之一，世界上目前已知有6100余种蛱蝶，其中我国有770余种。蛱蝶的外观多种多样，生活习性也丰富多样。蛱蝶中包括了许多不同的分支，可以称得上是蝴蝶中分支最多的一类。蛱蝶最大的特征是第一对足退化以作平衡器使用。

纲：昆虫纲

目：鳞翅目

科：蛱蝶科

属：带蛱蝶属

清风寄相思

# 相思带蛱蝶

*Athyma nefte*

蛱蝶是蝴蝶中种类最丰富的类群之一，世界上目前已知有6100余种蛱蝶，其中我国有770余种。蛱蝶的外观多种多样，生活习性也丰富多样。蛱蝶中包括了许多不同的分支，可以称得上是蝴蝶中分支最多的一类。蛱蝶最大的特征是第一对足退化以作平衡器使用。

“红豆生南国，春来发几枝？愿君多采撷，此物最相思。”有一种以相思为名的蝴蝶，它叫相思带蛱蝶（*Athyma nefte*）。

相思带蛱蝶（*Athyma*）属于线蛱蝶亚科（Limenitinae），即翅膀上有着显著的线带纹的蛱蝶。相思带蛱蝶是小型蛱蝶，它的前翅为三角形，后翅为团扇形，边缘呈锯齿状。相思带蛱蝶的雌雄斑纹差异巨大，雄蝶翅正面的底色为黑褐色，布有数条白色的带纹，各带纹边缘为青蓝色，前翅顶角具1枚橘黄色斑，这是相思带蛱蝶雄蝶的关键鉴别特征；反面底色较浅，斑纹同正面。雌蝶的斑纹构成和雄蝶相同，但所有斑纹均为橘黄色。

相思带蛱蝶是一种热带常见蝴蝶，适应多种生境，包括城市中也偶尔可见。在我国华南地区各地均可见到其踪迹；在国外，相思带蛱蝶也是东南亚的常见蝴蝶。相思带蛱蝶两性的习性颇具差异。雄蝶行动迅速，常在晴天出没吸水或者于林地低矮处滑行。雄蝶喜欢吸食动物粪便和腐烂水果等，偶尔会在地面吸水。雌蝶通常在林缘或林下活动，不时在寄主附近盘旋，飞行速度缓慢，喜访花。相思带蛱蝶幼虫的

雄蝶翅正面的底色为黑褐色，布有数条白色的带纹，各带纹边缘为青蓝色，前翅顶角具1枚橘黄色斑，这是相思带蛱蝶雄蝶的关键鉴别特征。翅展40~45mm

雌蝶的斑纹构成和雄蝶相同，但所有斑纹均为橘黄色。翅展44~47mm

这是一对正在交配的相思带蛱蝶，左侧为雌蝶，右侧为雄蝶，这种雄蝶和雌蝶外观上差异巨大的现象使得一些蝴蝶的雄蝶和雌蝶曾经被作为不同的物种对待

寄主种类较多，一般以毛果算盘子（*Glochidion eriocarpum*）为主要取食对象，大龄幼虫体色以黑褐色和黄绿色混合为主，体表具大量肉刺。相思带蛱蝶的蛹为深褐色，在背部和头部后方各有1个钩状突起。

带蛱蝶属是线蛱蝶亚科中一个规模中等的属，目前世界上已知30多种，主要分布于东洋区，我国已知分布有其中的15个种。线蛱蝶亚科是蛱蝶科中物种最多，同时也是物种多样性最高的类群之一。然而，线蛱蝶亚科的蝴蝶由于种间或者属间相似度高，因此在线蛱蝶亚科的分类中存在着大量的争议。近年来，线蛱蝶亚科被作为蛱蝶科分类学研究的重要类群越来越受到重视，相信随着研究的不断深入，线蛱蝶亚科中诸多复杂的分类学难题终将获得圆满的解答。

相思带蛱蝶是一种非常机敏的蝴蝶，在野外很难有近距离观察它的机会。事实上，绝大多数蛱蝶都非常机敏，一个轻微的响动，如踩到树叶的响动，或者一阵风都能将它们惊飞，这一点在线蛱蝶亚科中尤为明显，而带蛱蝶属可以算得上最机敏的类群之一。那为什么相比于其他蝴蝶，蛱蝶会尤其机敏呢?近年来的一些研究指出，蛱蝶在停息时，会将腹侧的身体贴在地面上，而这一侧的神经网络也较为发达，这使得它们可以敏锐的感受到地面的细微振动，同时，由于蛱蝶的第一对足退化，所以它们停息的时候只有中足和后足支撑身体，因此相比于其他蝴蝶，蛱蝶的中足和后足都更加粗壮，这提供了很强的支撑力，使得它们在保持身体平稳的前提下，将腹侧尽量贴近地面，这和我们做俯卧撑的原理相似。同时，粗壮的腿也让蛱蝶在遇到危险的时候能迅速地起飞。另外，在显微镜下，我们观察到蛱蝶触角的每一节上都有大量的短毛，这些短毛都和触角内的神经相连，这让它们可以敏锐地感受到空气中的细微变化，比如气味和气流的变化等，一旦遇到威胁便能迅速地做出反应。当然，令蛱蝶能够如此机敏的机制或许远不止上述的两个，简单的生物现象往往是被非常复杂的生物学机制支持的，这种机制往往包括了多个不同方面的反应体系，如遗传学、生物化学和神经生物学等复杂作用的结果，相信随着对蝶类行为学、生物化学和神经生物学等学科的深入研究，我们会逐渐揭示这些现象背后的机制。

纲：昆虫纲

目：鳞翅目

科：蛱蝶科

属：翠蛱蝶属

滇西翠玉

# 滇翠蛱蝶

*Euthalia yunnana*

翠蛱蝶属是线蛱蝶亚科中种类最多的属之一，滇翠蛱蝶（*Euthalia yunnana*）是一种分布于横断山区的中型翠蛱蝶。

滇翠蛱蝶的前翅为三角形，顶端尖锐，后翅宽展，略呈椭圆形，翅缘锯齿状，边缘具长而明显的白色缘毛。翅正面的底色为墨绿色，并具有一定的金属光泽，在太阳光下略呈蓝色，翅中部有1条宽的黄白色中带，前后翅中带的颜色不同，前翅为黄色，后翅为白色，其中后翅中带的外侧具灰蓝色区域。反面底色为草绿色，斑纹与正面相似，但在靠近身体的地方多了一些黑色的细纹。滇翠蛱蝶的雌蝶与雄蝶近似，仅体型更大且翅型更加圆润，后翅中带外侧的蓝色区域颜色较浅，为蓝白色。

滇翠蛱蝶的分布区域比较狭窄，目前仅在云南省中部至西北部被发现过。滇翠蛱蝶栖息于海拔2000米附近的山地林区，常在常绿阔叶林附近出没。我们目前对滇翠蛱蝶的幼期情况仍然一无所知。滇翠蛱蝶雄蝶非常活泼，飞行迅速，常在阳光明媚时于树顶盘旋或者停息于枝头，张开翅膀晒太阳。滇翠蛱蝶的领地意识极强，当其他蝴蝶路过时雄蝶会飞起追逐，直至驱赶走对方。滇翠蛱蝶的雌性栖息于密林中，很少到开阔地活动，因此很难被观察到。滇翠蛱蝶的雄蝶喜欢吸食腐烂水果和动物粪便等，有时也会下地吸水，而雌蝶一般在林区吸食树上的露水等。在云南不同地区，滇翠蛱蝶成虫出现的时间是不一样的，一般而言，随着海拔的升高，同种蝴蝶的发生期一般也会更晚。

滇翠蛱蝶正面为墨绿色且具金属光泽，翅中部有1条宽的黄白色中带，前后翅中带的颜色不同，后翅中带的外侧具灰蓝色区域，翅展55~65mm

滇翠蛱蝶反面为草绿色，斑纹与正面相似，仅在靠近身体的地方具一些黑色细纹

翠蛱蝶属目前世界上已知百余种，它们主要分布在沿喜马拉雅山至横断山区一带。我国是世界上翠蛱蝶属物种最为丰富的国家，目前已知有65种翠蛱蝶分布于云南。在翠蛱蝶中，有不少物种的分布区域狭窄，这使得我们对许多翠蛱蝶知之甚少。在这种情况下，由于缺乏足够的研究标本，翠蛱蝶属中许多物种的划分存在着巨大的争议。事实上，滇翠蛱蝶最早于1907年在云南省德钦县的燕门乡被发现并命名，当时被作为新颖翠蛱蝶（*Euthalia staudingeri*）的亚种发表。然而，根据极少的资料显示，这两者之间的差别巨大，它们很可能是不同的物种。但是由于标本的缺乏，一直以来也没有人对这个问题进行探索。1999年，日本学者横地隆（*Yokochi*）在其著作《对林蛱蝶亚属的整理（鳞翅目，蛱蝶科，翠蛱蝶族）》（*Revision of the Subgenus Limbusa*）中首次提出滇翠蛱蝶应该是一个完全不同的物种，而不应该继续被作为新颖翠蛱蝶的亚种看待。然而这个观点也引起了长时间的争议和讨论。时至今日，关于滇翠蛱蝶的分类位置依然存在争议，但是随着近年来相关研究的深入，滇翠蛱蝶应当被作为一个独立种看待的观点被越来越多的学者所采纳。

类似滇翠蛱蝶这样充满争议的蝴蝶在我国是非常多的，由于种种原因，使得我们对它们的了解必将非常缓慢，然而这也是它们吸引着我们不断探寻的原因，相信在未来的某一天，我们终能逐步揭开它们神秘的面纱。

图中是一只滇翠蛱蝶的雄蝶，它有时会在树木枝头停息，领地意识极强，有时会停息于树干上，或吸食树干上的汁液以补充营养物质

纲：昆虫纲

目：鳞翅目

科：蛱蝶科

属：俳蛱蝶属

落霞夫人

# 彩衣俳蛱蝶

*Euthalia yunnana*

数年前的一天下午，一位正在西双版纳旅游的朋友拍到了一只非常靓丽的蝴蝶却不知其名，因为好奇所以发给我照片并询问。看到这只蝴蝶的时候，我顿时激动不已，赶忙问了拍到它的大概地点，决定近几日就去西双版纳走一趟。这是一种之前我只在资料上见过却从未一睹真容的蝴蝶，它叫彩衣俳蛱蝶（*Parasarpa hourberti*）。

彩衣俳蛱蝶在我国算得上是非常漂亮的蛱蝶了，它的翅型狭长，翅缘为锯齿状，正面为黑色，贯穿前后翅中带的那条金黄色斑带特别显眼，外缘具数条锈红色的环形细纹，非常漂亮。彩衣俳蛱蝶的反面斑纹类似正面，但底色较浅，为棕黄色，后翅靠近身体的部分为青蓝色，并有数条黑色细纹。俳蛱蝶的雌蝶和雄蝶斑纹相同，仅翅型宽阔很多，翅正面的金黄色斑带和橘红色齿纹较宽，同时颜色更鲜艳。

彩衣俳蛱蝶在我国仅分布于云南西部至南部靠近边境的地区，国外见于印度、缅甸、老挝、越南和泰国。彩衣俳蛱蝶是严格意义上的森林性蝶类，它们只栖息在原始森林中。彩衣俳蛱蝶多活动在海拔1000~2000米的山地林区，飞行迅速而敏捷，雄蝶领地意识很强，会追逐其他闯入领地的蝴蝶，其常在树上盘旋，偶尔会到地面吸水。彩衣俳蛱蝶的雄蝶喜欢吸食腐烂水果，而雌蝶往往只在林区深处的树上活动，因此很少有对彩衣俳蛱蝶雌蝶的观察记录。

彩衣俳蛱蝶正面为黑色，贯穿前后翅中部的那条金黄色斑带特别显眼，
外缘具数条锈红色的环形细纹，翅展54~57mm

彩衣俳蛱蝶反面的斑纹类似正面，但底色较浅，为棕黄色，
后翅靠近身体的部分为青蓝色，并有数条黑色细纹

彩衣俳蛱蝶所在的俳蛱蝶属（*Euthalia*）是线蛱蝶亚科中一个物种不多的小属，目前全世界仅知4个物种，而在我国，对彩衣俳蛱蝶的记录寥寥无几。因此所有关于彩衣俳蛱蝶的野外观察记录对我们了解这种罕见的蝶类都有着巨大的意义，这也是那天看到朋友拍的照片后我便当即决定亲自前往西双版纳的原因。

6月的西双版纳非常湿热。顺着山路往林区前行，一路上我见到了不少蝴蝶在访花，或者在河滩吸水，但它们大多数都是粉蝶和凤蝶。到了朋友拍照地点一看，这确实很有可能会栖息着彩衣俳蛱蝶，因此我便在周围寻找起来，然而第一天竟一无所获。次日，在这片树林附近我依然没有发现它们的踪影，当我考虑去其他地方看看的时候，突然瞥见从林子里迅速地飞出一只橘红色的蛱蝶。直觉告诉我，这个极有可能就是一直寻觅的彩衣俳蛱蝶，我将所有目光聚焦在它身上。在几棵树间巡飞了一段时间之后，那只蝴蝶终于在树上停下。然而由于树叶的遮挡，我依然无法看清它，我尝试悄悄地绕到树的另一侧去观察，然而这只警觉的蝴蝶竟被惊飞3次，幸运的是最后它回到了原处停息，我也找到了合适的观察位置。这时，它金黄色斑带和橘红色齿状斑一览无余，没错，这就是彩衣俳蛱蝶，两日的守候终于获得了最终的回报。

在此之后我也曾多次前往西双版纳，但由于各种原因，至今都没能再见到彩衣俳蛱蝶。近年来一些朋友在滇西北和滇东南地区的考察中也观察到了彩衣俳蛱蝶，这为我们对彩衣俳蛱蝶的研究提供了重要的研究材料。彩衣俳蛱蝶对我一直有着巨大的吸引力，我期盼着能再亲眼目睹一次那个散发着落日余晖般光芒的美丽蝴蝶。

这是一只在碎石滩上停息的彩衣俳蛱蝶。彩衣俳蛱蝶有时会在岩石间吸食需要的无机盐等，在停息时它们会打开翅膀，露出翅膀正面非常绚丽的斑纹

纲：昆虫纲

目：鳞翅目

科：蛱蝶科

属：孔雀蛱蝶属

北国潜伏者

# 孔雀蛱蝶

*Aglais io*

孔雀是最美的鸟类之一。有一种以孔雀为名的蛱蝶，在它的翅膀上也长着如孔雀尾羽一般美丽的眼斑，它叫孔雀蛱蝶（*Aglais io*）。

孔雀蛱蝶被誉为北方最美的蝴蝶。它是一种小型蛱蝶，身体被赭红色鳞片和绒毛覆盖，前翅狭长而后翅宽展，每片翅膀各具1个角状突起，正面砖红色，前翅前缘具数条黑色和黄灰色带纹，组成宛如虎皮一般的斑纹，前翅顶角和后翅顶区各具1枚巨大的眼斑，其斑纹和孔雀尾羽上的眼斑非常近似，孔雀蛱蝶之名也因此而来，眼斑的主要作用是迷惑或威慑小型鸟类等捕食者。孔雀蛱蝶的翅膀反面以灰褐色为主，布满细纹和杂色斑点，这让孔雀蛱蝶能够很好地躲入枯叶中以躲避掠食者的捕捉。

孔雀蛱蝶的适应力极强，它的生境涵盖了山地森林和草甸，包括农田草地、城市公园和居所花园都可以见到其身影。孔雀蛱蝶幼虫的寄主植物非常广泛，其中以荨麻科（Urticaceae）、大麻科（Cannabaceae）和桑科（Moraceae）植物等为主要取食对象。孔雀蛱蝶幼虫为褐色，体表长有许多肉刺，同时常常群聚起来以抵御掠食者的捕食。孔雀蛱蝶蛹的颜色以枯黄为主，具有很好的伪装效果。孔雀蛱蝶成虫飞行迅速，常在开阔地活动，喜欢访花，偶尔也会吸食腐烂水果。孔雀蛱蝶在夏季较为常见，也有以成虫越冬的记录。

孔雀蛱蝶正面为砖红色，前翅具数条黑色和黄灰色带纹，宛如虎皮一般，前翅顶角和后翅顶区各具1枚巨大的眼斑，酷似孔雀尾羽上的眼斑，其名便由此而来，翅展51mm

孔雀蛱蝶反面以灰褐色为主，布满细纹和杂色斑点，整体宛如干枯的树皮一般，具有很好的伪装作用

孔雀蛱蝶喜欢访花，譬如图中的孔雀蛱蝶正在访白色非洲菊（*Gerbera jamesonii* ）。孔雀蛱蝶正面的眼斑十分显眼，然而其反面如枯木一般的斑纹，却又可以起到极好的伪装效果

孔雀蛱蝶是蛱蝶中分布范围最广的种类之一，它的分布区域基本涵盖了生物地理区系中的古北区，因此，孔雀蛱蝶是一种非常具有代表性的古北区蝴蝶。在欧洲，孔雀蛱蝶是最常见的蝴蝶之一，和小红蛱蝶、金凤蝶等一样，都是最早被现代分类学鼻祖林奈命名的蝴蝶。因为其美丽的外观，孔雀蛱蝶常常出现在艺术品中，可谓是蝴蝶中最常被借鉴的物种之一。

我在南方出生和长大，因此，小时候我从未见过活的孔雀蛱蝶，我仅在一些工艺品中见过孔雀蛱蝶的标本。然而对于北方的朋友而言，孔雀蛱蝶是一种常见的蝴蝶。清明时节，北方地区已褪去严冬带来的萧瑟，春天的脚步逐渐接近，暖意开始抚摸大地，那些以成虫越冬的蝴蝶慢慢苏醒过来，其中就包括了孔雀蛱蝶。春夏之交，山坡上的花朵已经开始绽放，红色的孔雀蛱蝶穿梭其间，带来了属于夏季的活力。孔雀蛱蝶翅膀上的眼斑是为了避免被掠食者捕食而被动进化出的防御手段，但是它不会想到，就是这么一个“无心之举”却造就了一种如此美丽的精灵，我们不得不感慨大自然的鬼斧神工。在夏季的山坡草甸坐下，静静欣赏这种美丽的蝴蝶在身边穿梭，是一件无比悠闲的事情，这或许也是夏天带给我们的一件精美的礼物吧。

纲：昆虫纲

目：鳞翅目

科：蛱蝶科

属：枯叶蛱蝶属

雪山隐士

# 蓝带枯叶蛱蝶

*Kallima knyvetti*

枯叶蛱蝶是全世界最著名的蝴蝶之一，由于其反面的外观和枯叶几乎一模一样，因此也成为生物模拟环境的著名范例。枯叶蛱蝶中有一种以蓝色斑纹为主的种类，它叫蓝带枯叶蛱蝶（*Kallima knyvetti*）。

和枯叶蛱蝶一样，蓝带枯叶蛱蝶是一种大型蛱蝶，它的翅型非常近似一片树叶，前翅宽展，顶端尖锐且弯曲，后翅狭长，后端细，正面深褐色，前翅具1条宽阔的蓝白色斜带，1枚圆形透明窗斑嵌入其中，犹如蓝天下神圣肃穆的雪山之巅一般，蓝带枯叶蛱蝶也因此得名。蓝带枯叶蛱蝶的雌蝶体型更为宽阔，前翅顶角更加尖锐，同时正面的蓝带也更宽。蓝带枯叶蛱蝶的反面也非常完美地模拟了枯叶，有些个体甚至长出了类似霉斑的花纹。

蓝带枯叶蛱蝶主要分布于东喜马拉雅山脉南麓，往南亦可分布到中南半岛北部的老挝、越南和泰国；在我国，蓝带枯叶蛱蝶仅可见于西藏东南部及云南西部。蓝带枯叶蛱蝶栖息在海拔较低的原始林区，仅在栖息地附近可被观察到。雄蝶喜欢在地面上吸水，同时也喜欢吸食腐烂水果，飞行非常迅速、异常敏捷，因此在野外很难近距离观察蓝带枯叶蛱蝶。停息在地面吸水时，蓝带枯叶蛱蝶有时会微微打开翅膀，隐约可见其正面的蓝带，但停在树上时，蓝带枯叶蛱蝶会把翅膀完全合拢，和周围的环境融为一体。相比而言，雌蝶仅在密林深处活动，因此对蓝带枯叶蛱蝶雌蝶的观察记录是非常少的。

蓝带枯叶蛱蝶的正面为深褐色，前翅具1条宽阔的蓝白色斜带，1枚圆形透明窗斑嵌入其中，蓝带枯叶蛱蝶因此得名。翅展62mm

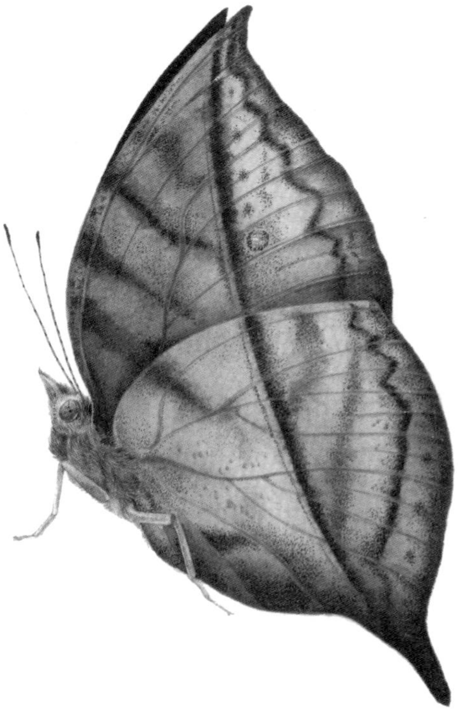

蓝带枯叶蛱蝶的翅型酷似枯叶，其反面的斑纹也与枯叶极其相似

酷似枯叶的外观使得它成为蝴蝶中最著名的拟态物种之一，
停息时微微打开的翅膀，露出了前翅十分美丽的蓝色斜带

位于西藏东南部的墨脱县是我国最容易观察到蓝带枯叶蛱蝶的地方。我第一次见到蓝带枯叶蛱蝶的实物是在西藏自治区科技厅的标本馆，多年来，他们一直致力于藏东南蝴蝶的研究。在中科院西北高原生物所中，我有一位好朋友，他参与了多次墨脱蝶类的考察，蓝带枯叶蛱蝶是他一直想要破解的难题。2017年下旬，我因工作缘故前往拉萨的同时拜访了这位朋友。那天，他和我分享了一件于当年采集的蓝带枯叶蛱蝶标本，这是我第一次见到它的实物，一时间竟被它那一抹深邃的蓝震撼到语塞，抬头从朋友眼中能够读出他梦想成真般的喜悦。2021年，他和我分享了一张蓝带枯叶蛱蝶的生态照，这是我第一次见到有人拍到如此清晰的蓝带枯叶蛱蝶。有时发自内心地感谢这些在一线默默付出的科研者们，因为他们的努力我们才能看到大自然中这些美妙的蝴蝶。

蓝带枯叶蛱蝶属于枯叶蛱蝶属（*Kallima*）。目前该属已知有约10个种，它们均分布于亚洲南部和东南部地区，我国已知分布有其中的5种，蓝带枯叶蛱蝶是其中唯一一种具蓝色带纹的品种。独一无二的枯叶蛱蝶属，独一无二的蓝带枯叶蛱蝶，自然界最神奇的能力，便是自然而然地创作出最美丽的生命，上演最感人的故事。能够活在当下，欣赏到这些不可思议的杰作，便是人类最大的幸运。

纲：昆虫纲

目：鳞翅目

科：蛱蝶科

属：璞蛱蝶属

璞玉花贼

# 璞蛱蝶

*Prothoe franck*

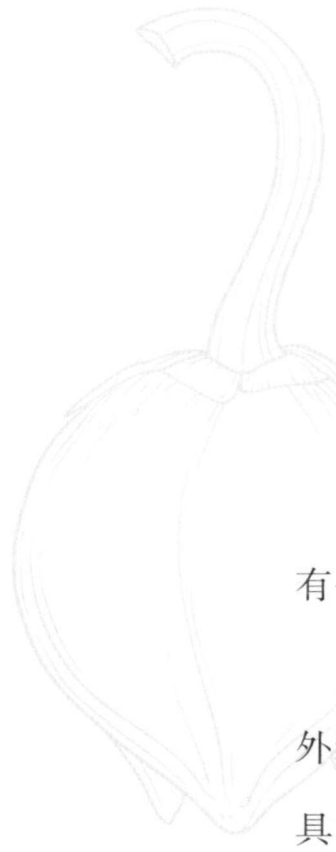

璞蛱蝶（*Prothoe franck*）属于螯蛱蝶亚科，螯蛱蝶亚科中包括了一些大型的蛱蝶，它们的后翅多有一对尾突，宛如螃蟹的螯肢一般，因此得名。璞蛱蝶，是其中为数不多的以蓝色为主色调的品种。

和其他螯蛱蝶亚科的蝴蝶一样，璞蛱蝶是一种大型蛱蝶，它的前翅宽阔，为三角形，后翅亦宽阔，外缘具1枚突出的粗短的角，整体呈五边形。璞蛱蝶的正面为棕黑色，前翅顶角具数枚白色圆斑，中部具1条宽阔的蓝白色斜带，具金属光泽，整体宛如一块璞玉，璞蛱蝶之名便因此而来，这同时也是璞蛱蝶最明显的分类特征。璞蛱蝶反面的斑纹非常复杂，底色为浅棕色和棕黑色，密布深色的细纹，外缘具1列蓝绿色弹头形纹，整体斑纹非常凌乱。璞蛱蝶的雌蝶和雄蝶斑纹相同，仅个头稍大。

璞蛱蝶属于璞蛱蝶属，目前全世界仅知4种，均分布于东亚、南亚、东南亚至澳大利亚北部。璞蛱蝶是璞蛱蝶属的模式种，即本属被划分时，被作为标准的种，同时也是属内分布最广的一种。在国外，从印度半岛、中南半岛一直到马来半岛和印尼群岛都有它的踪迹；而在我国，璞蛱蝶仅见于云南省南部的西双版纳和广西南部。

璞蛱蝶正面为棕黑色，前翅顶角具数枚白色圆斑，中部具1条宽阔的蓝白色斜带，具金属光泽，整体宛如一块璞玉，其名便因此而来。翅展68mm

璞蛱蝶反面的斑纹非常复杂，底色为浅棕色和棕黑色，密布深色的细纹，外缘具1列蓝绿色弹头形纹

璞蛱蝶是一种森林性蝶类，仅在保存完好的原始雨林附近出没。它的飞行速度极快，喜欢在林缘和林下的树木间穿飞，常停息在高处的树叶上，或下地吸水，亦会吸食腐烂的水果。雌蝶仅在密林深处活动，因此我们至今对璞蛱蝶雌蝶依然知之甚少。除了冬季以外，其他时间均可在云南见到璞蛱蝶，尤其以5月和9月最多。每年9月，位于热带的西双版纳刚刚结束了漫长的雨季，许多蝴蝶进入新一轮的发生期高潮，很多仅秋季发生或者一年两代的蝴蝶大量羽化，璞蛱蝶便是其中之一。

我是通过《中国蝶类志》第一次了解到璞蛱蝶，当时我对书里展示的唯一一只璞蛱蝶印象非常深刻，我非常希望有一天能够在野外见到这种漂亮的蝴蝶。直到两年前，一次寻常的滇南蝴蝶多样性考察。那天我在一条非常熟悉的林缘小路上悠闲地走着，就在我停下脚步，准备给周围环境进行例行拍照时，我注意到一棵树的树干有个不寻常的突起，经验告诉我这极可能是一只停歇的蝴蝶。我悄悄地走过去，生怕一不小心惊飞了它。随着距离的缩短，我逐渐看清了它的样子，毫无疑问，璞蛱蝶。这是我第一次也是唯一一次在野外目击璞蛱蝶，这段经历至今让我回味无穷。

璞蛱蝶无论色彩还是外形，在中国分布的蝴蝶中都是一个非常亮眼的存在，而它本身也是较难寻觅的种类，在中国南方的亚热带季雨林中，它的踪迹就和它身上的蓝色一样给人一种神秘之感。相信在西双版纳的密林深处，或许就是此刻，美丽的璞蛱蝶正扇动着那条耀眼的蓝带，穿梭于密林之间。雨林孕育了蝴蝶，蝴蝶点缀了雨林，世间最美的故事，或许莫过于此。

雄性的璞蛱蝶常停在森林中高处树叶上，偶尔也会下地吸水，或吸食腐烂的水果等。停息时璞蛱蝶常微微打开翅膀，露出前翅的蓝色条带，在阳光下非常美丽

纲：昆虫纲

目：鳞翅目

科：蛱蝶科

属：斑环蝶属

## 蓝色恒星

# 紫斑环蝶

*Thaumantis diores*

环蝶是蛱蝶中较小的一类，翅膀上多有环状的斑纹，因此得名环蝶。我国目前已知约20种环蝶。在我国的环蝶中，斑纹最为漂亮的应该就是紫斑环蝶（*Thaumantis diores*）了。

紫斑环蝶属于斑环蝶属（*Thaumantis*），是一类大型环蝶，仅分布于中国、印度和东南亚地区，因全体成员外观基本都是黑褐色翅面配上大面积蓝紫色斑纹或者斑块而得名。紫斑环蝶两性除了体型差异之外，其外观几乎一样。它的翅形宽展且圆润，正面的底色为具天鹅绒光泽的黑色至深褐色，每片翅膀中部都有一块非常显眼的蓝紫色斑块，具金属光泽，蓝紫斑的中心点缀有少量白色斑块。紫斑环蝶的反面为黑褐色，中部有数条深色的线纹，后翅有2枚浅黄色眼斑。

紫斑环蝶在中国仅见于西藏、云南、贵州和广西，国外则广布于印度半岛及中南半岛至马来半岛，几乎全年都可见到成虫。它的幼虫取食棕榈科（Arecaceae）的植物，比如刺葵（*Phoenix hanceana*）等是幼虫的取食对象。紫斑环蝶幼虫为黄褐色的身体、黑色的头壳和布满全身的灰色绒毛。紫斑环蝶从卵至化蛹需要两个月左右的时间，它们的蛹是典型的悬蛹，即将化蛹的幼虫在取食足够之后，首先会将身体内的粪便排空，之后在附着物上吐丝成垫，尾部的臀棘附着于丝垫之上，然后身体蜷缩胸部向上化蛹。经过半个月左右的蛹期，光鲜亮丽的成虫就会从中破蛹而出。

紫斑环蝶的外观极易辨认，正面为黑色至深褐色，每片翅膀中部具1枚蓝紫色斑，并具有金属光泽，翅展90~95 mm

紫斑环蝶的反面为黑褐色，中部有数条深色的线纹，后翅有2枚浅黄色眼斑

紫斑环蝶栖息在热带地区低海拔的热带雨林中，是一种森林性蝶类。紫斑环蝶喜欢在早晚活动，它们飞行缓慢，喜欢贴近地面并在草木间穿飞，飞行距离较短，一般飞行一小段距离后便会停在地面或树丛中。停息时，紫斑环蝶会闭上翅膀，露出深色的反面，融入林下阴暗的环境。紫斑环蝶的成虫喜好吸食腐烂的水果等，这也是绝大多数环蝶的习性，所以有时在水果摊和垃圾堆附近也能观察到紫斑环蝶。

紫斑环蝶是一种非常漂亮的大型蝴蝶，因此很长一段时间以来，它都被作为观赏蝶而被大量捕捉。近年来，随着室内养殖的普及，人类对野外紫斑环蝶的影响已经得到缓解。小时候的我，尤其喜欢卖昆虫标本或装饰品的地方。那时我便记得，有一种非常奇特的蝴蝶，那是一个大大圆圆的蝴蝶，它那极为闪耀的蓝紫色大斑给我的童年留下了深刻的印象。这个艳丽的物种激发了我的求知欲，后来专门查了资料才知道它叫紫斑环蝶。或许我的蝴蝶探索之路正是开始于那个时候的好奇。时至今日，虽然在野外已经见过不知道多少次紫斑环蝶，但是每当我想起那时标本盒里的紫斑环蝶，依然能回忆起孩童时我那憧憬的眼神。

紫斑环蝶是一种生活在热带地区林下的大型蝴蝶，它飞行缓慢，常在贴近地面的草木间穿梭，有时会停息在低矮的植物上，当它们打开翅膀的时候会露出蓝紫色金属光泽的斑纹

纲：昆虫纲

目：鳞翅目

科：蛱蝶科

属：箭环蝶属

琼岛居士

# 心斑箭环蝶

*Stichophthalma nourmahal*

箭环蝶是环蝶中最具代表性也最为著名的一类。我国目前已知有9种箭环蝶，心斑箭环蝶（*Stichophthalma nourmahal*）是其中一种小型的箭环蝶。

心斑箭环蝶可以说是整个箭环蝶属最为神秘的种类之一，模式产地为印度锡金邦，国外分布于印度东北部地区和尼泊尔、不丹等地，在我国仅见于海南。心斑箭环蝶在我国的发现可以追溯到1922年，由外国学者英国昆虫学家乔伊斯（Joicey）和塔尔伯特（Talbot）首次发现并作为海南特有亚种“ssp. *chuni*”发表。心斑箭环蝶个头较小，前后翅正面都以棕褐色为主，前翅近顶部的一大片区域为鲜艳的亮黄色，翅缘黑色，雌蝶于顶角处嵌有1枚浅黄色圆点，心斑箭环蝶正面的箭纹较短小，末端圆润。翅膀反面以棕黄色为主，在一定角度下呈现出深紫色的金属光泽，翅中部饰有2条深色细纹，雌蝶靠外的黑边外侧镶有很窄的白边，翅外缘具1列深红色圆形眼斑，瞳点为青蓝色，外缘具2条波曲的深色细纹。

箭环蝶属为亚洲特有蝶类，广布于印度半岛、中南半岛及马来半岛，我国秦岭以南地区均有分布。心斑箭环蝶多见于夏季，一般栖息在低海拔河谷到中高海拔的季风常绿阔叶林中，偏好于正午和黄昏时分在树林边缘或阴暗的林下活动。心斑箭环蝶喜好吸食腐烂的水果、腐殖层积液和动物粪尿或尸体等。

心斑箭环蝶正面以棕褐色为主，前翅近顶部的一大片区域为鲜艳的亮黄色，
形成明显的色差。翅缘黑色。翅展74~85mm

心斑箭环蝶反面为棕黄色，在一定角度下具深紫色金属光泽，
翅中部饰有2条深色细纹，外缘具1列深红色圆形眼斑

目前对心斑箭环蝶的幼期依然缺乏研究，但由于箭环蝶属其他物种的寄主均较为专一，故推测心斑箭环蝶的寄主也应为禾本科（Poaceae）竹属（*Schizostachyum*）以及棕榈科的植物。

在海南，心斑箭环蝶一般只在人烟稀少且高温潮湿的原始林区被观察到。五指山是心斑箭环蝶在海南岛的主要栖息区域，这里还分布着串珠环蝶（*Faunis eumeus*）。还记得第一次在五指山进行考察的时候，在路边不时就能看到一些缓慢飞行的、翅面具有一条明晃晃黄色斑带的环蝶，我一度以为这些蝴蝶都是串珠环蝶，直到我发现停下的蝴蝶中，有少数几个反面有红色眼斑，我才意识到这里面混有心斑箭环蝶。

箭环蝶属目前全世界记录有15个种，其名字源于翅膀正面具各种形状的黑色箭纹这一特征。在我国目前已知9种箭环蝶中，部分种类有局部地区大爆发的现象，即每年到固定时间，某一区域内会有不计其数的箭环蝶成虫出现，场面非常壮观，如云南省金平县马鞍底乡的箭环蝶大爆发已经成为当地的旅游名片，箭环蝶也逐渐成为蝴蝶中的明星物种。但罕见的心斑箭环蝶在我国仅能在海南岛被观察到，迄今为止也没有关于心斑箭环蝶爆发的记载，过着“独居”生活的心斑箭环蝶更多了一丝神秘的色彩。

一只心斑箭环蝶（右）和一只串珠环蝶（左）停在同一株细圆藤（*Pericampylus glaucus*）上，串珠环蝶反面的一串白点，是心斑箭环蝶所不具有的特征

纲：昆虫纲

目：鳞翅目

科：蛱蝶科

属：锯眼蝶属

枯叶精灵

# 翠袖锯眼蝶

*Elymnias hypermnestra*

眼蝶是蛱蝶中的一类，顾名思义，多数眼蝶的翅膀上都长有类似眼睛的斑纹，也就是眼斑。当然，关于眼蝶的分类学定义目前最被大家所接受的是眼蝶的前翅近基部的翅脉是明显膨大的。眼蝶多喜欢在阴暗的林下活动，多数种类颜色暗淡且斑纹简单，但是也有少数种类长得非常美丽，比如锯眼蝶属（*Elymnias*）的种类。在我国，最具代表性也最常见的锯眼蝶，有着一个颇为文雅的名字——翠袖锯眼蝶（*Elymnias hypermnestra*）。

翠袖锯眼蝶正面的底色为黑褐色，并具有明显的暗紫色金属光泽，后翅亦为黑褐色，但无金属光泽，向翅缘渐变为红褐色，外缘点缀着一圈白色的圆斑。大多数翠袖锯眼蝶的后翅还具有一个尖锐而短小的尾突。翠袖锯眼蝶的翅膀反面斑纹比较简单，为深褐色或者棕褐色，前翅顶角区域还有一块浅棕色斑块。翠袖锯眼蝶的雌蝶在外观上非常多变，绝大多数雌蝶的花纹和雄性相似，仅体型更大，翅膀轮廓更加圆润而已，但有一些非常极端的个体，其翅膀正面几乎全为赭红色，翅缘的黑边很宽，白色的大斑取代了原来天蓝色的斑块，翅膀反面隐约也可以看到白色的斑纹。

翠袖锯眼蝶雌蝶正面的斑纹非常多变，某些极端个体甚至为橘红色，这是它们为了模拟分布区内的各种有毒斑蝶而形成的，
翅展56~64mm

翠袖锯眼蝶雄蝶正面为黑褐色，后翅亦为黑褐色，外缘点缀着一圈白色的圆斑，反面斑纹为深褐色或者棕褐色，形似枯叶

翠袖锯眼蝶是一种标准的贝氏拟态物种，绝大多数的翠袖锯眼蝶在外观上模拟紫斑蝶属等有毒的蝶类，尤其是雄蝶，专一地模拟紫斑蝶，但是在雌蝶中，那种橘黄色的个体实际上是在模拟斑蝶属的金斑蝶等物种，多变的外观也进一步降低了被捕食者掠食的概率。

翠袖锯眼蝶的寄主是多种棕榈科的植物，比如椰子（*Cocos nucifera*）、槟榔（*Areca catechu*）和山棕（*Arenga engleri*）等。翠袖锯眼蝶幼虫的外观也很有特点：翠绿色的躯体搭配数条浅黄色斑纹，黑褐色的头壳上长出了两个粗大的犄角，而犄角上又有很多小刺，同时头壳两侧也有数枚黄色的刺突。翠袖锯眼蝶的蛹为悬蛹，头部最宽，具数对短小的角，整体为翠绿色，并饰有锈红色细纹。

在我国南方的大部分地区都可以见到翠袖锯眼蝶的身影，国外翠袖锯眼蝶主要分布于中南半岛至马来半岛等地。翠袖锯眼蝶的栖息地非常多样，包括原始林、人工林，甚至有时在城市中都可以见到其身影。翠袖锯眼蝶飞行缓慢，喜欢在树荫下活动。翠袖锯眼蝶几乎不访花，常会聚集起来吸食腐烂的水果、叶片下的积水，甚至动物粪尿等。

锯眼蝶属是一类热带蝴蝶，主要分布在东南亚至澳大利亚，少数分布于非洲，目前已知超过45种，我国已知5种。

由于翠袖锯眼蝶极强的适应力，在我国某些城市翠袖锯眼蝶的数量非常巨大，它已经成为城市昆虫的名片，这种带着些许蓝色宛如盛夏星夜一般的蝴蝶，总是能带给人们一段美丽的邂逅。

雌性的翠袖锯眼蝶的外观特征无一例外都是在模拟有毒的斑蝶，譬如图中的金黄色个体，便是模拟金斑蝶的一种色型

纲：昆虫纲

目：鳞翅目

科：蛱蝶科

属：岳眼蝶属

烂叶爱好者

# 岳眼蝶

*Orinoma Damaris*

由于朴素的外表，许多眼蝶都不怎么被大家重视，而这其中也有一些在外观上值得一看的物种，比如岳眼蝶（*Orinoma damaris*）。

岳眼蝶的身体非常纤弱，它的翅膀较狭长，尤其前翅为三角形。其底色为黄白色，翅面上交错密布着大量黑色的条纹和圆斑，构成类似蛛网的斑纹，岳眼蝶最显著的特征是前翅中室基部的橙黄色斑，这笔点缀大大提升了岳眼蝶外观的美丽程度。岳眼蝶雌蝶的斑纹与雄蝶相同，只是体型稍大，翅型更加圆润。

岳眼蝶在我国仅见于云南及西藏南部，国外见于越南、老挝、缅甸等国。岳眼蝶栖息于中高海拔且环境较好的山地林区。岳眼蝶的成虫常在4~5月及7~8月出现，一年两代。岳眼蝶常在阴暗的林下活动，飞行非常缓慢，常飞行很短的距离之后就停息在树叶或地表上休息。停息时，岳眼蝶会将翅膀并拢。岳眼蝶喜欢吸食腐烂的水果或发酵的枯叶。

迄今为止，我们对岳眼蝶依然知之甚少，目前的研究仍然停留在对其形态等的描述上，因此在野外的观察记录就显得尤为重要。每年春夏之交，位于中越边境的麻栗坡已经进入了昆虫的盛发期。2019年，在我硕士即将毕业之前，我的最后一次野外考察便是于4月下旬前往麻栗坡县。那年的云南酷热难耐，低海拔地区几乎毫无生机，包括蝴蝶也是寥寥无几。

在我国，还有一种白纹岳眼蝶（*Orinoma alba*），但是前翅无橘黄色斑，且各斑纹均较为粗犷。相比而言，白纹岳眼蝶更加罕见，仅见于云南省西北部，翅展53mm

岳眼蝶反面的斑纹与正面相似，这在蝴蝶中也是比较少见的现象，翅展64~74mm

于是，我们决定向海拔较高的山区进发。然而，干旱的山地也像荒漠一般毫无生机。一天下午，我们路过了一小片原始林，一条小溪从林中潺潺流出，撇眼间，看见不少蝴蝶在水边活动，于是我们决定在此地停留一下。不经意间，一只白色的昆虫从林中飞出，我以为是一只尺蛾，小心蹲下仔细一看才发现原来这就是传说中的岳眼蝶。这是我唯一一次在野外见到这种罕见的眼蝶，也是唯一一次在野外观察到这种会模拟蛾子的珍奇蝶类，那次野外的经历至今令人印象深刻。

在中国西南边陲的季风常绿阔叶林中，栖息着无数珍奇瑰丽的蝴蝶种类。岳眼蝶不是其中最为奇特的，但却是最令人印象深刻的蝴蝶之一。在一众外表朴素黯淡的亲戚里，它是如此吸引眼球却又行踪诡秘，令人欲罢不能。

岳眼蝶是岳眼蝶属的模式种，按照目前被普遍认可的观点，我国已知有6种岳眼蝶，它们多数分布于华西山区，少数见于华南地区。对岳眼蝶属的划分目前存在一定争议，多数学者认为，网眼蝶属（*Rhaphicera*）和豹眼蝶属（*Nosea*）应当被合并入岳眼蝶属，因为他们的斑纹相似，同时一些生活习性也近似，但是也有一些学者仍然将它们单独分列视之。所以未来仍然需要深入研究以解决岳眼蝶属分类学位置的问题。

迄今为止，我依然无法忘记那片阴暗的森林，那条溪边吸水的岳眼蝶，我期待着也相信总有一天会再次回到那片林子，和静静生活于此的岳眼蝶来一次久别后的重逢。

岳眼蝶常在阴暗的林下活动，飞行非常缓慢，同时也不能做长距离的飞行，所以它们往往停息在林下的地上，或歇息，或吸食地表的无机盐等

纲：昆虫纲

目：鳞翅目

科：蛱蝶科

属：穹眼蝶属

星河坠落

# 蓝穹眼蝶

*Coelites nothis*

眼蝶整体呈现出一种朴素且与世无争的气质，与其他绚烂多姿的蝴蝶形成了鲜明对比。然而并不是所有眼蝶都长得黯淡无光，比如具有蓝色金属光泽的蓝穹眼蝶（*Coelites nothis*）便是其中的翘楚。

蓝穹眼蝶体型中等，斑纹简单而艳丽，雄蝶翅正面几乎全部为从浅蓝渐变为深蓝的金属光泽区域，在不同角度和光照下呈现出不同的光泽，十分华丽，穹眼蝶的名字正源于这个特征，穹眼蝶的属名“Coelites”有着“天上神圣”之意，而我国老一辈研究者们也非常贴切地将其翻译为“穹”；此外，雄蝶前后翅的外缘具两道深蓝色的条纹，后翅正面近内缘的位置具有一枚黑色绒毛状的性标。蓝穹眼蝶前翅反面亚外缘区有两道比较宽的灰紫色条纹，后翅具1列大小不一的眼斑，其他部分底色为黑褐色，中域具1条灰紫色的条纹状雾带。雌蝶的花纹近似雄蝶，但个头较大，翅型较圆润，同时翅正面的蓝色区域较雄蝶小，取而代之的是大面积的紫灰色和黑紫色区域。

蓝穹眼蝶常活动在潮湿且阴暗的林下，反面暗淡的底色和花纹有助于它们融入林下阴暗的环境中，降低被捕食者发现的风险。蓝穹眼蝶一年多代，幼虫主要取食棕榈科省藤属（*Calamus*）的植物。它们的卵为椭球形，呈现出非常养眼的黄绿色。一段时间后幼虫便会孵化，这时幼虫的第一件事便是把自己

蓝穹眼蝶正面几乎全为从浅蓝渐变为深蓝的金属光泽区域，在不同角度和光照下呈现出不同的光泽，十分华丽

蓝穹眼蝶反面亚外缘区有两道比较宽的灰紫色条纹，后翅具1列大小不一的眼斑，其他部分底色为黑褐色，中域具1条灰紫色的条纹状雾带

的卵壳吃掉，这样可以让它最快地补充到营养物质。刚孵化的初龄幼虫为淡黄色，头壳具一对粗短的犄角，腹部末端也长有一对较长的尾棘，背上具一道显眼的粉褐色条纹。随着幼虫不断取食成长，躯体的颜色逐渐成为淡绿色，身体两边也开始出现淡黄色的条纹。之后每蜕皮一次，头上的犄角和尾棘也会变得更长，同时身体两侧会渐渐出现更多的黄色条纹。幼虫在半个多月的时间里，通过不断地进食和蜕皮，最后成为末龄幼虫并化蛹。化蛹前，蓝穹眼蝶的老熟幼虫会在黄褐色的头壳上长一层“白霜”。蓝穹眼蝶的蛹是翠绿色的，同时在结构上保留了幼虫时期头部的两个尖角。由于蓝穹眼蝶的蛹是悬蛹，所以化蛹的地点一般会选择在叶片背面或者较为粗壮的茎附近。仔细观察会发现蛹的表面有一些绒毛一样的结构，这可能是在模拟寄主的叶子。

蓝穹眼蝶是一种热带蝴蝶。在我国，蓝穹眼蝶仅在云南和海南的低海拔地区有分布，其中以海南的数量较为丰富，在国外，它广布于印度东部、缅甸、泰国、柬埔寨、越南及老挝。在热带地区，蓝色斑纹是不少蝶类都具有的特征，但像蓝穹眼蝶这样有着大片蓝色区域的中型眼蝶在我国可谓绝无仅有。茂密的雨林挡住了大部分光线，昏沉阴暗的环境庇护着这种神奇的物种，让我们并不是那么容易就能一睹蓝穹眼蝶翅膀上的那片浩瀚的蓝色苍穹。

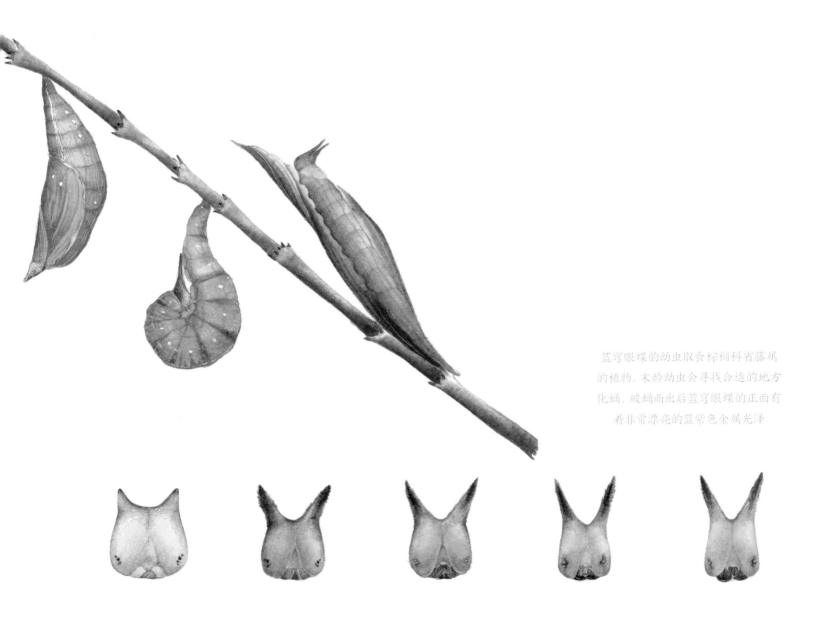

蓝穹眼蝶的幼虫取食棕榈科省藤属的植物，末龄幼虫会寻找合适的地方化蛹，破蛹而出后蓝穹眼蝶的正面有着非常漂亮的蓝紫色金属光泽

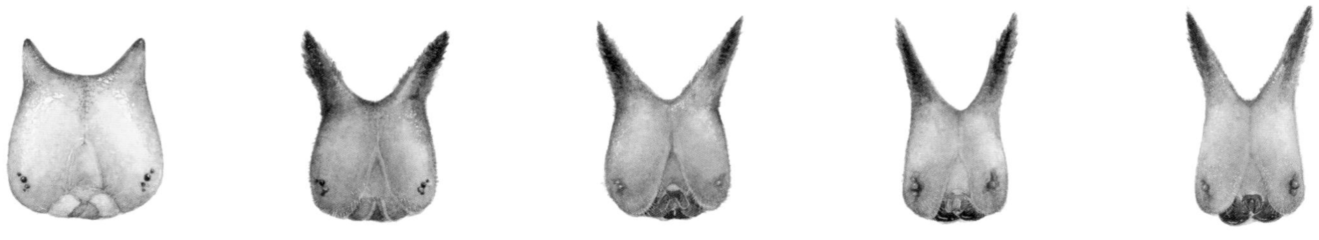

纲：昆虫纲

目：鳞翅目

科：蛱蝶科

属：青斑蝶属

滇南旅行家

# 青斑蝶

*Tirumala limniace*

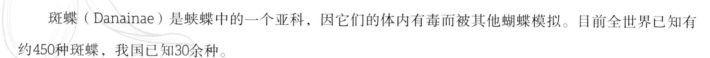

斑蝶（Danainae）是蛱蝶中的一个亚科，因它们的体内有毒而被其他蝴蝶模拟。目前全世界已知有约450种斑蝶，我国已知30余种。

在云南南部，分布有我国绝大多数已知的斑蝶，其中以青色为主要色彩的青斑蝶（*Tirumala limniace*）是其中最常见的斑蝶之一。

青斑蝶的黑色身体上布满白色细纹，腹部为黄色。青斑蝶翅型宽展，底色为黑色，顾名思义，青斑蝶的斑纹多以青色为主，青斑蝶的斑纹一般以细碎的带纹和圆斑为主，整体显得非常细致。青斑蝶反面的花纹和正面一致，仅颜色偏浅，为褐色。青斑蝶雌雄的花纹几乎一致，仅后翅的性标可以加以区分。性标是雄蝶特有的结构，是吸引雌蝶的工具，青斑蝶的性标位于后翅反面中部，呈一块硬化的囊状突起结构。青斑蝶的分布广，同时喜欢在低海拔地区活动，其色彩也较浅。

青斑蝶幼虫的寄主很多，萝藦科（Asclepiadaceae）的很多植物如牛角瓜属（*Calotropis*）、球兰属（*Hoya*）等都是它们的取食对象，而它们最常食用的是南山藤（*Dregea volubilis*）。青斑蝶的卵是白

青斑蝶翅型宽展，底色为黑色，斑纹多为青色的细碎带纹和圆斑，整体显得非常细致，反面斑纹与正面相近，翅展76~83mm

色的圆球形，初龄幼虫表面具深色条带状斑纹，随着幼虫的成长，身上的黑色条纹也愈发显著，同时它的脑袋后面和尾部开始出现短小的突起，至末龄幼虫，突起已逐渐长成细长的肉突，一黑一白的条纹也变得非常醒目，这时，也到了青斑蝶化蛹的时候。青斑蝶的蛹为悬蛹，整体是翠绿色，表面点缀有小黑斑，在外观上模拟树叶。

青斑蝶是青斑蝶属的模式种，它分布广泛，在我国华南及西南地区均可见到，在国外，它分布于印度、中南半岛、马来群岛和印度尼西亚大部分地区。青斑蝶是非常耐热的低海拔蝶类，甚至在气温高达40摄氏度的地方仍可见其活动。青斑蝶喜欢栖息在林缘开阔地，它对生境并不挑剔，有时甚至在城市中或农田附近都可以见到其身影。青斑蝶的成虫飞行速度很慢，喜欢滑翔。

青斑蝶在盛发期时数量十分庞大，在一些地区有时会有几十万只青斑蝶聚集，场面非常壮观。云南玉溪哈尼族彝族傣族自治元江县盛夏时节几乎没有其他蝴蝶活动，但是青斑蝶却随处可见，它们或是缓慢徘徊于林缘附近，或是在路边访花。在当地城边有一家饭馆，门口的架子上爬满了南山藤，经常可见青斑蝶成虫来此产卵。南山藤是一种可以食用的野菜，这家饭馆的清炒南山藤也是滇南地区常见的一道菜。因此，每次在这家饭店吃饭的时候，都不禁感慨，有时候自然的馈赠不仅仅是给予某种特定的生物，而是众生平等，这或许也就是某种程度上的人与自然和谐相处了吧。

青斑蝶的幼虫取食南山藤，表面具黑白相间的条纹，同时生有细长的肉突，它的蛹为悬蛹，绿色，表面饰有小黑点，待成虫羽化而出，这种大型的美丽蝴蝶便会滑翔于热带地区的阳光之中

纲：昆虫纲

目：鳞翅目

科：蛱蝶科

属：紫斑蝶属

飞行的蓝宝石

# 冷紫斑蝶

*Euploea algea*

紫斑蝶属是斑蝶中最为漂亮的一类，它们的翅膀正面多具有蓝色或紫色的金属光泽，因此而得名。在我国已知的紫斑蝶中，冷紫斑蝶（*Euploea algea*）是最为罕见的一种。

冷紫斑蝶的前翅很宽，后缘向外强烈拱曲，后翅较小且圆润，前翅正面的底色为黑褐色，带有暗紫色金属光泽，雄蝶近后缘有1条狭长的雪茄形暗纹，那是它的性标，后翅正面黑褐色，外缘具数枚圆形白点；冷紫斑蝶的反面为棕褐色，颜色略浅于正面，散布有少量白斑。冷紫斑蝶雪茄形的狭长性标在我国已知的紫斑蝶中是绝无仅有的。冷紫斑蝶雌蝶的外观和雄蝶几乎一致，但前翅后缘不向外拱曲，正面蓝黑色光泽较弱，亦无性标。

冷紫斑蝶在我国分布非常狭窄，仅见于云南省南部靠近边境的部分地区，但在国外其分布非常广泛，从印度、中南半岛到菲律宾，直至整个印尼地区和巴布亚新几内亚都可以见到它们的踪迹。目前冷紫斑蝶已知约30个亚种，这种亚种极其丰富的情况，对于在岛屿分布的蝴蝶是非常常见的现象，这是因为在东南亚，由于岛屿之间的地理隔离，冷紫斑蝶分化出了许多不同的地理种群，它们的种群之间缺乏交流，因而相互之间独立演化，便形成了诸多不同的亚种，这便是生物学中最经典的地理隔离造成物种形成的实例之一。

冷紫斑蝶正面为黑褐色，具暗紫色金属光泽，雄蝶近后缘有1条狭长的雪茄形暗纹（性标），后翅正面黑褐色，外缘具数枚圆形白点，翅展75mm

冷紫斑蝶的反面为棕褐色，颜色略浅于正面，散布有少量白斑

冷紫斑蝶常在晴天出现，它们喜欢在林缘的开阔地活动，时而访花，时而在林缘缓慢优雅地飞行，偶尔也会在地面吸水。冷紫斑蝶飞行缓慢，以滑翔为主，在阳光照射下，翅面的蓝色金属光泽极为耀眼。冷紫斑蝶是我国罕见的斑蝶之一，在多年的野外调查中，我曾见过一次冷紫斑蝶，那是在云南省河口瑶族自治县。由于在当地，异型紫斑蝶（*Euploea mulciber*）等斑蝶的数量是非常巨大的，所以我并不会过多关注紫斑蝶。一天中午，在水边歇息时，从远处飘来一只紫斑蝶，当时我只是认为它的颜色有点不对劲，于是盯着它看了一下。慢慢地，它停在了远处的一朵花上，那条雪茄形的性标特别明显，我这时才意识到这是冷紫斑蝶，但是当我起身想靠近的时候，它被飞过的鸟惊飞，向林子深处缓缓飘走了。这是我唯一一次见到冷紫斑蝶。

紫斑蝶属是斑蝶中物种数最丰富的一个属，包括近60种，其中有10种分布于我国。紫斑蝶均为热带种，在我国，它们均分布于华南地区。紫斑蝶的斑纹随着分布位置的变化会呈现规律性的变化，纬度越高，紫斑蝶的颜色越深，多以蓝黑色为主，同时白斑减少。在我国分布的紫斑蝶中，绝大多数种类仅见于云南、广西及海南等热带地区，冷紫斑蝶无疑是其中最神秘的一种，迄今为止，即使是目击或标本记录都寥寥无几，因此对于其生态学等的研究基本上是空白的。我期待着在未来的某一天，能够在滇南湿热的雨林间，再次邂逅这种神秘的蝴蝶。

这是一只正在访花的冷紫斑蝶。其正面深邃的蓝紫色金属光泽，以及雄蝶前翅狭长的性标是其关键的分类特征

# 目录检索

# 致谢

| | |
|---|---|
| 王澄澄 | 阿蒙 |
| 王瑞 | 彩万志 |
| 吴超 | 点点水 |
| 姚亚萍 | 胡劭骥 |
| 叶辉 | 稻吉(日本) |
| 殷茜 | 蒋卓衡 |
| 尹方韬 | 雷挽洲 |
| 余天一 | 李宇飞 |
| 张辰亮 | 刘瑞琦 |
| 张全星 | 茑萝 |
| 曾孝濂 | 钱家维 |
| 朱仁斌 | 石柒 |
| | 万国候 |

(排名按姓氏拼音首字母排列)

感谢为本书做出贡献的,
热爱自然并传递自然美好的朋友们。

·新觉·
青鸟